엄밀한 논리

창의적 발상

성균관대 자연계 수리논술 (2021~2025모의)

기출문제풀이집

김철한 풀이

2021학년도 모의논술부터
2025학년도 모의논술까지
(구술 포함)

김철한대입수학연구소

지은이 김철한

- 서울대학교 졸업
- 30여년간 대입수학을 지도하였고, 재수종합반과 고교 특강수업에서도 각각 10여년씩 지도하였다. 수리논술, 심층수학 등과 관련된 여러 저서가 있으며, 현재 저술활동에 전념하고 있다.

ISBN	979-11-93274-68-2
발행일	2024. 8. 30.
지은이	김철한
펴낸곳	김철한대입수학연구소
정가	38,000원
전화	051-628-0661
전송	051-793-0661
Email	kchan11@hanmail.net

차 례

머리말 ··· 5
2025학년도 모의논술 ··· 9
2024학년도 수시논술 1교시 ··· 12
2024학년도 수시논술 2교시 ··· 15
2024학년도 과학인재 구술 ··· 18
2024학년도 모의논술 ··· 19
2024학년도 과학인재 모의구술 ··· 22
2023학년도 수시논술 1교시 ··· 23
2023학년도 수시논술 2교시 ··· 26
2023학년도 모의논술 ··· 29
2022학년도 수시논술 1교시 ··· 32
2022학년도 수시논술 2교시 ··· 34
2022학년도 수시논술 3교시 ··· 36
2022학년도 모의논술 ··· 38
2021학년도 수시논술 1교시 ··· 40
2021학년도 수시논술 2교시 ··· 42
2021학년도 수시논술 3교시 ··· 44
2021학년도 모의논술 ··· 46
예시답안 ··· 49

머리말

[성균관대 자연계열 논술의 특징]

① 출제과목 : 수학 100%
② 수학 세부 과목 : 수학, 수학 I , 수학 II (과학인재 구술은 미적분, 기하 포함.)
③ 문항수와 시간 : 3문제(소문항 있음.), 100분
④ 난이도 : 전체적인 난이도는 중상, 소문항 하나 정도가 조금 높은 난이도로 출제됨.
⑤ 복잡도 : 매우 복잡하고 서술이 까다로우며 접근 방법에 따라 너무 복잡하여 제대로 풀이하기가 어려운 문항도 있음.
⑥ 특징 : 수능이나 내신을 준비하는 과정에서 충분히 접했을 만한 소재를 복잡하게 구성한 문제가 많이 출제됨. 시험범위가 좁은 영향으로 보임.

[논술고사 대비 방법]

① 기출문제의 풀이

대학별 고사는 내신이나 수능과 많은 차이를 보이고, 대학별 특성도 강하게 띠기 때문에 그 대학의 기출문제는 무엇보다도 우선적인 학습대상이 됩니다. 기출문제들을 풀어보아야 성균관대 자연계 수시 문제가 가지는 특징을 파악하고, 대비할 수 있습니다.

② 긴 기간 동안 꾸준하게 풀이

논술시험에 출제되는 수학문제 중에는 단순한 내신, 수능을 위한 수학학습만으로는 쉽게 다룰 수 없는 문제들이 많기 때문에 미리 준비하는가 아닌가가 결정적인 차이를 가져옵니다. 일주일에 한 문제씩이라도 긴 기간 동안 꾸준히 연습할 때 성과를 기대할 수 있습니다.

③ 서술형으로 풀이

수학 논술문제를 완전한 주술관계로 풀이하는 것은 학생들 입장에서 상당히 힘듭니다. 하지만 논술문제는 문장을 만들어서 설명하는 것이 기본입니다. 풀이의 과정과 근거가 잘 전달되도록 설명과 수식, 그래프, 그림, 표 등을 잘 배열하고, 글로써 연결하면 좋은 점수를 받을 수 있습니다.

[교재 소개]

① 풀이한 문제의 출제연도

2021학년도 모의논술부터 2025학년도 모의논술까지 성균관대 자연계 수시논술, 모의논술에서 출제된 모든 문제를 풀이하였습니다. 2024학년도부터 실시된 구술문항도 포함하였습니다.

② 풀이의 방향

성균관대에서도 해설을 발표하지만 이 교재에서 제시한 풀이는 그것과 전혀 관계없고, 저자의 독자적이고 창의적인 풀이입니다.

③ 풀이의 중점

이 교재를 준비하는 데서 가장 중점을 둔 부분은 창의성과 논리성입니다. 시험문제의 풀이란 무엇을 보고 하는 것이 아니라 스스로의 머리로 생각해내야만 하는 것이고, 논술은 논리성에 점수를 주기 때문입니다.

ⓐ 창의적인 풀이

시험에서 높은 득점을 하기 위해서는 처음 접하는 새로운 유형의 문제를 해결할 수 있어야 합니다. 이미 풀어본 것과 관련된 부분이 나올 수도 있지만 그런 부분은 변별력이 떨어집니다. 관건은 처음 접하는 부분입니다. 그것을 해결하기 위해서는 무엇보다도 창의성이 중요합니다. 여기 제시한 풀이도 이렇게 풀라는 뜻이 아니라 창의성을 참고하라는 뜻입니다.

ⓑ 논리적인 풀이

논술은 수능처럼 결과만 보는 시험이 아닙니다. 결과도 채점하지만 과정을 더 중요하게 봅니다. 과정에서는 논리성 곧, 인과관계, 선후관계, 근거와 주장의 관계 등을 중요하게 채점합니다. 아는 내용이라도 엄밀한 논리를 제시하여야 감점요소 없이 높은 득점을 할 수 있습니다.

[수리논술 학습에서 주의할 점]

① 자신감

출제문항 중에 난이도가 높은 문제가 포함되더라도 그 해결과정에 필요한 수학적인 이론은 고교과정 안에 있습니다. 모르는 이론을 써야 하기 때문에 어려운 것이 아니라 창의적인 착상력이 필요하기 때문에 어려운 것이지요. 또, 수능문제에 비해 호흡이 길고, 복잡하기도 합니만, 기출문제들을 풀어보면서 내신이나 수능을 대비한 수학학습에서 배운 것들을 논술 문제의 해결과정에 적용하는 방법을 익혀나간다면 할 수 있다는 자신감을 가질 수 있을 것입니다.

② 다면적 사고

이 교재에서 제시한 예시답안은 하나의 예이며, 유일한 답안은 아닙니다. 정상에 이르는 등산로가 하나가 아니듯이 수학문제의 풀이방법도 당연히 여러 가지가 있지요. 여기에서 제시한 것은 그 중의 하나입니다. 다만 저자로서는 최선을 다하였고, 될수록 쉽고 간결한 풀이를 지향하였습니다. 여러분들이 탐구심을 발휘하여 다른 풀이, 더 좋은 풀이를 만들어 낼 수도 있을 것입니다. 그런 경험이 풀이능력을 향상시켜 줍니다.

이 교재가 성균관대 자연계에 진학하려는 수험생 여러분들에게 큰 도움이 되길 바라며, 합격의 영광을 기원합니다.

2024. 8. 지은이 김철한 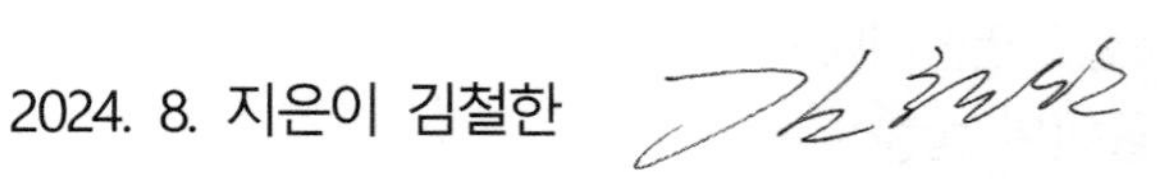

기출문제

성균관대 자연계 2025학년도 모의논술

문제 1

〈제시문1〉

첫째항이 a, 공차가 d인 등차수열 $\{a_n\}$의 일반항은

$$a_n = a + (n-1)d \ (n = 1,\ 2,\ 3,\ \cdots)$$

이고, 첫째항부터 제n항까지의 합 S_n은 다음과 같다.

$$S_n = \frac{n\{2a + (n-1)d\}}{2}$$

〈제시문2〉

서로 다른 n개에서 r개를 택하는 조합의 수는 다음과 같다.

$${}_n\mathrm{C}_r = \frac{n!}{r!(n-r)!} \ (\text{단, } 0 \le r \le n)$$

〈제시문3〉

양의 정수 n에 대하여, n개의 서로 다른 양의 정수로 이루어진 집합 $S = \{a_1,\ a_2,\ \cdots,\ a_n\}$을 생각하자. (단, $a_1 < a_2 < \cdots < a_n$이라고 가정하자.) 집합 S에서 서로 다른 두 개의 원소를 뽑아 더한 ${}_n\mathrm{C}_2$개의 수가 모두 다르고, 이 수들을 크기가 작은 것부터 나열했을 때 등차수열을 이룬다고 가정하자. 예를 들어, $n = 3$일 때 집합 $S = \{1,\ 2,\ 3\}$이라고 하면, 등차수열 3, 4, 5를 얻을 수 있다.

1-i

<제시문3>에서 $n = 3$일 때, 집합 S로부터 얻은 등차수열의 합이 600이 되는 가능한 모든 집합 S의 개수를 구하고, 그 이유를 논하시오.

1-ii

<제시문3>에서 $n = 4$일 때, 집합 S로부터 얻은 등차수열의 합이 2025가 되는 가능한 모든 집합 S의 개수를 구하고, 그 이유를 논하시오.

1-iii

$n \ge 5$일 때, <제시문3>의 조건을 만족하는 집합 S가 존재하지 않음을 보이고, 그 이유를 논하시오.

문제 2

〈제시문1〉

이차방정식 $ax^2+bx+c=0$에서 $D=b^2-4ac$라고 하면, (a, b, c는 실수)

(i) $D>0$: 서로 다른 두 실근을 갖는다.

(ii) $D=0$: 중근(서로 같은 두 실근)을 갖는다.

(iii) $D<0$: 서로 다른 두 허근을 갖는다.

〈제시문2〉

두 함수 $f(x)$, $g(x)$가 닫힌구간 $[a,\ b]$에서 연속일 때, 두 곡선 $y=f(x)$, $y=g(x)$ 및 두 직선 $x=a$, $x=b$로 둘러싸인 도형의 넓이 S는 다음과 같다.

$$S=\int_a^b |f(x)-g(x)|dx$$

〈제시문3〉

실수 k $(\neq \pm 1)$에 대하여 이차함수 $y=\left(\frac{1-k^2}{2}\right)x^2$과 직선 $y=kx+1$의 교점의 개수가 2일 때, 두 교점을 $P_1(x_1,\ y_1)$과 $P_2(x_2,\ y_2)$로 나타낸다 (단, $x_1<x_2$). 만약, 교점의 개수가 1이라면, $P_1=P_2$라고 하자 (즉, $x_1=x_2$).

2-i

<제시문3>에서 교점의 개수가 2라고 가정하자. 두 점 P_1, P_2의 중점과 점 $Q(2,\ 0)$을 잇는 직선이 y축과 만나지 않는다고 할 때, 가능한 k의 값을 모두 구하고 그 이유를 논하시오.

2-ii

<제시문3>에서 교점의 개수가 2이고 $0<x_1<x_2$라 가정하자. 두 점 P_1, P_2의 중점과 점 $Q(2,\ 0)$을 잇는 직선이 y축과 만날 때, 그 교점을 $R(0,\ c)$라고 하자. y축 위의 점 중에서 교점 $R(0,\ c)$가 될 수 없는 점들의 집합이 이루는 선분의 길이를 구하고, 그 이유를 논하시오.

2-iii

<제시문3>에서 교점의 개수가 1이고 $x_1=x_2<0$일 때, 직선 $y=kx+1$에 수직이고 점 P_1을 지나는 직선이 이차곡선 $y=\left(\frac{1-k^2}{2}\right)x^2$과 만나는 또 다른 한 점을 T라고 하자. 그리고, 점 T에서 이차곡선 $y=\left(\frac{1-k^2}{2}\right)x^2$에 그은 접선이 직선 $y=kx+1$과 만나는 교점을 B라 하자. 이차곡선 $y=\left(\frac{1-k^2}{2}\right)x^2$에 의해 삼각형 P_1TB는 두 영역으로 나뉘게 되는데, 두 영역의 넓이의 비를 구하고 그 이유를 논하시오.

문제 3

<제시문1>

좌표평면 위에 세 점 A(0, 0), B(2, 0), C(1, $\sqrt{3}$)을 꼭짓점으로 하는 정삼각형 ABC가 있다. 1 이상의 실수 a에 대하여 중심이 $\left(a,\ \dfrac{a^2}{\sqrt{3}}\right)$이고 반지름이 $\dfrac{2}{\sqrt{3}}$인 원 C_a와 정삼각형 ABC의 교점을 생각하자.

<제시문2>

<제시문1>의 원 C_a와 세 점 A, B, C, 1 이상의 실수 a에 대하여 함수 $f_1(a)$, $f_2(a)$, $f_3(a)$를 각각 다음과 같이 정의하자.

(i) 원 C_a와 선분 AB의 교점의 개수를 $f_1(a)$라고 하자.

(ii) 원 C_a와 선분 AC의 교점의 개수를 $f_2(a)$라고 하자.

(iii) 원 C_a와 선분 BC의 교점의 개수를 $f_3(a)$라고 하자.

3-i

<제시문2>에 주어진 함수 $f_1(a)$에 대하여, $f_1(a) \ge 1$이기 위한 a의 범위에 대하여 논하시오.

3-ii

<제시문2>에 주어진 함수 $f_1(a)$에 대하여, $f_1(a) = 2$인 1보다 큰 a의 값들 중에서 가장 작은 값을 m이라고 두자. m을 근으로 하고 최고차항의 계수가 1이며 정수 계수를 갖는 삼차다항식을 구하고, 그 이유를 논하시오.

3-iii

<제시문2>에 주어진 함수 $f_2(a)$에 대하여, $f_2(a) \ge 1$이기 위한 a의 범위에 대하여 논하시오.

성균관대 자연계 2024학년도 수시논술 1교시

문제 1

〈제시문1〉

곡선 $y=f(x)$ 위의 점 $(a,\ f(a))$에서의 접선의 방정식은 $y=f'(a)(x-a)+f(a)$이다.

〈제시문2〉

좌표평면 위의 네 점 A, B, C, D가 다음의 조건을 만족한다.

- 점 A는 곡선 $y=\sqrt{x-1}$ 위의 점이다. (단, $x \geq 1$)
- 점 B는 직선 $y=x$ 위의 점이다.
- 점 C는 직선 $y=0$ 위의 점이다.
- 점 D는 곡선 $y=2x^2-30x+113$ 위의 점이다.

1-i

실수 전체의 집합에서 미분가능한 함수 $f(x)$에 대하여 곡선 $y=f(x)$와 이 곡선 위에 있지 않은 점 P가 주어져 있다. 이 곡선 위의 점 중에서 주어진 점 P까지의 거리가 최소가 되는 점을 Q라고 하자. 이때 점 Q에서 곡선 $y=f(x)$에 접하는 접선이 직선 PQ에 수직인 이유를 논하시오.

1-ii

실수 전체의 집합에서 미분가능한 두 함수 $g(x)$와 $h(x)$에 대하여, 곡선 $y=g(x)$와 곡선 $y=h(x)$가 서로 만나지 않는다고 하자. 곡선 $y=g(x)$ 위의 점 Q와 곡선 $y=h(x)$ 위의 점 R에 대해 선분 QR의 길이가 최소일 때, 점 Q에서 곡선 $y=g(x)$에 접하는 접선과 점 R에서 곡선 $y=h(x)$에 접하는 접선이 모두 직선 QR에 수직인 이유를 논하시오.

1-iii

<제시문2>의 네 점 A, B, C, D에 대해 $\overline{AB}+\overline{BC}+\overline{CD}$의 값이 최소가 될 때, 점 D의 x좌표와 점 A의 y좌표의 차가 6이라고 한다. 이때 점 A와 D의 좌표를 구하고 그 이유를 논하시오.

문제 2

〈제시문1〉

기울기가 양수이고 서로 평행인 두 직선 L_1과 L_2의 y절편을 각각 p와 0이라 하자. (단, $p>0$) 직선 L_1이 이차함수 $y=x^2$의 그래프와 만나는 두 점을 x좌표의 값이 작은 것부터 A, D라 하고, 직선 L_2가 이차함수 $y=x^2$의 그래프와 만나는 두 점을 x좌표의 값이 작은 것부터 B, C라 하자. 사각형 ABCD의 두 대각선의 교점을 P, 선분 AD의 중점을 M_1, 선분 BC의 중점을 M_2라 하자.

〈제시문2〉

이차함수 $y=x^2$과 반지름이 r인 원이 다음 세 조건을 만족시킨다.

- 원의 중심의 x좌표와 y좌표가 모두 정수이다.
- 이차함수 $y=x^2$과 원이 서로 다른 네 점에서 만나고, 교점의 y좌표는 모두 정수이다.
- 네 교점을 꼭짓점으로 하는 사각형은 사다리꼴이다.

〈제시문3〉

최고차항의 계수가 -1인 사차함수 $y=g(x)$가 $g(x)=g(-x)$를 만족하고, x축과 x_1, x_2, x_3, x_4에서 만난다. 또한, 사차함수 $y=g(x)$의 그래프와 이차함수 $y=x^2$의 그래프가 서로 다른 네 점 Q, R, S, T에서 만난다고 가정하자. (단, $x_1<x_2<x_3<x_4$이고, x_k $(k=1,\ 2,\ 3,\ 4)$는 정수가 아니다.)

2-i

<제시문1>에서 $\overline{\mathrm{PM}_1}=5$이고, $\overline{\mathrm{PM}_2}=1$일 때, 사각형 ABCD의 넓이를 구하고 그 이유를 논하시오.

2-ii

<제시문2>에서 $r=4$일 때 사다리꼴의 넓이를 모두 구하고, 그 이유를 논하시오.

2-iii

양의 정수 m, n에 대해 <제시문3>에서 $x_3=\sqrt{m}$, $x_4=\sqrt{n}$이고, 네 점 Q, R, S, T를 지나는 원의 반지름이 10이라 하자. 이때, <제시문3>을 만족하는 양의 정수 순서쌍 $(m,\ n)$의 개수를 구하고, 그 이유를 논하시오.

문제 3

〈제시문1〉

함수 $h(x)$가 닫힌구간 $[a,\ b]$에서 연속일 때 곡선 $y=h(x)$와 x축 및 두 직선 $x=a$, $x=b$로 둘러싸인 도형의 넓이 S는 다음과 같다.

$$S=\int_a^b |f(x)|dx$$

〈제시문2〉

정수 계수를 갖는 두 이차함수

$$f(x)=-Ax^2+Bx+C,\ g(x)=-px^2+qx+r$$

가 다음의 다섯 조건을 만족시킨다.

- $A,\ B,\ C,\ p,\ q,\ r$은 모두 양수이고, $B>C$이다.
- $B^2+4AC=100$이고 q^2+4pr은 완전제곱수이다.
- 이차함수 $y=g(x)$의 그래프 위의 점 $\mathrm{R}(0,\ r)$에서의 접선이 x축과 만나는 교점을 $\mathrm{P}(\alpha,\ 0)$이라고 하자.
- 점 $\mathrm{R}(0,\ r)$을 지나고 직선 PR에 수직인 직선이 x축과 만나는 교점을 $\mathrm{Q}(\beta,\ 0)$이라고 하자.
- α와 β는 이차방정식 $f(x)=0$의 해이다.

3-i

<제시문2>에 주어진 $\alpha,\ \beta$를 $q,\ r$에 대한 식으로 나타내고, 그 이유를 논하시오.

3-ii

<제시문2>를 만족시키는 모든 순서쌍 $(A,\ B,\ C)$와 각각의 순서쌍에 대해 p의 값이 최소가 되도록 하는 순서쌍 $(p,\ q,\ r)$을 찾고, 그 이유를 논하시오.

3-iii

<제시문2>에서 직선 PR과 곡선 $y=g(x)$ 및 x축 $(x<0)$으로 둘러싸인 도형의 넓이의 최솟값을 구하고, 그 이유를 논하시오.

성균관대 자연계 2024학년도 수시논술 2교시

문제 1

〈제시문1〉

미분가능한 함수 $f(x)$가 $x=a$에서 극값을 가지면 $f'(a)=0$이다.

〈제시문2〉

함수 $A(x)$, $B(x)$, $C(x)$, $D(x)$가 다음과 같이 정의된다.

$$A(x)=x^3-3x^2+2x+8$$
$$B(x)=-x^4+8x^3-22x^2+25x+13$$
$$C(x)=x$$
$$D(x)=-x^2+6x$$

두 함수 $f(x)$와 $g(x)$는 실수 전체의 집합에서 미분가능하고, $0<x<3.5$인 모든 x에 대해 다음 부등식을 만족한다.

$$A(x)\le f(x)\le B(x)$$
$$C(x)\le g(x)\le D(x)$$

1-i

<제시문 2>에서 $0<x<3.5$인 모든 x에 대해 부등식 $g(x)\le f(x)$가 성립하는 이유를 논하시오.

1-ii

<제시문 2>에서 $f(1)=8$일 때, $f'(1)$의 값을 구하고 그 이유를 논하시오.

1-iii

실수 a와 <제시문 2>의 함수 $f(x)$, $g(x)$에 대하여 다음의 극한값

$$\lim_{h\to 0}\frac{f(a+3h)-g(a+5h)}{h}$$

가 존재한다고 하자. 이때, a의 값과 극한값을 구하고 그 이유를 논하시오. (단, $0<a<3.5$)

1-iv

실수 b와 <제시문 2>의 함수 $f(x)$, $g(x)$에 대하여 다음의 극한값

$$\lim_{h\to 0}\frac{f(b+4h)-g(b-3h)-22}{h}$$

가 존재한다고 하자. 이때, 가능한 b의 값과 극한값을 모두 구하고 그 이유를 논하시오. (단, $0<b<3.5$)

문제 2

〈제시문1〉

자연수 n에 대하여, 수열 $\{t_n\}$을 다음과 같이 정의하자. n이 홀수일 때 $t_n = 3$이고, n이 짝수일 때 $t_n = 4$이다. 점 $P_0(-1, 0)$에서 그은 기울기가 $\tan\left(\frac{t_1}{12}\pi\right)$인 직선이 원 $x^2 + y^2 = 1$과 다시 만나는 점을 P_1이라 하자. 자연수 n에 대하여, 점 P_n에서 그은 기울기가 $\tan\left(\frac{t_{n+1}}{12}\pi\right)$인 직선이 원 $x^2 + y^2 = 1$과 다시 만나는 점을 P_{n+1}이라 하자. 만약 이 직선이 원과 접할 경우, $P_{n+1} = P_n$이다.

〈제시문2〉

음이 아닌 정수 n에 대하여, $A(n)$을 삼각형 $\Delta P_nP_{n+1}P_{n+2}$의 넓이라 하자. (단, 세 점 P_n, P_{n+1}, P_{n+2} 중에서 두 점이 서로 일치할 경우, $A(n) = 0$이다.)

2-i

$0 \leq n \leq 7$인 정수 n에 대하여 호 P_nP_{n+2}의 길이가 항상 일정함을 보이고, 그 값을 구하시오.

(단, 호 P_nP_{n+2}는 두 점 P_n, P_{n+2}에 의하여 나누어지는 원 $x^2 + y^2 = 1$의 두 부분 중 길이가 짧은 것으로 한다.)

2-ii

점 P_{2024}의 좌표를 구하고, 그 이유를 논하시오.

2-iii

<제시문 2>에 주어진 $A(n)$의 최댓값을 구하고, 그 이유를 논하시오.

문제 3

〈제시문1〉

이차방정식 $ax^2+bx+c=0$의 두 근을 α, β라고 하면 $\alpha+\beta=-\frac{b}{a}$, $\alpha\beta=\frac{c}{a}$

〈제시문2〉

함수 $f(x)$가 미분가능하고 $f'(a)=0$일 때, $x=a$의 좌우에서 $f'(x)$의 부호가

- 양에서 음으로 바뀌면, $f(x)$는 $x=a$에서 극대이고, 극댓값 $f(a)$를 갖는다.
- 음에서 양으로 바뀌면, $f(x)$는 $x=a$에서 극소이고, 극솟값 $f(a)$를 갖는다.

〈제시문3〉

정수 계수를 가지는 다항함수 $f(x)$와 $g(x)$가 다음과 같이 정의된다.

$$f(x)=px^2+qx+r$$
$$g(x)=x^3+Ax^2+Bx+C$$

3-i

<제시문 3>에서 $f(x)=g'(x)$이고 $S_n=f(n)$이 어떤 등차수열 $a_1,\ a_2,\ a_3,\ \cdots$의 첫째항부터 제n항까지의 합이라고 한다. 실수 전체의 집합에서 미분가능한 함수 $y=h(x)$가 다음의 조건을 만족시킬 때,

- $0\le x\le 6$에서 $h(x)=g(x)$
- 모든 실수 x에 대하여 $h(x+6)=h(x)+h(6)$

정적분 $\int_0^8 h(x)dx$의 값을 구하고 그 이유를 논하시오.

3-ii

<제시문 3>에서 $A=q$, $B=p$, $C=r$ $(p,\ q,\ r\neq 0)$이라 하자. 이차방정식 $f(x)=0$의 두 실근 α, β (단, $\alpha<\beta$)가 모두 삼차방정식 $g(x)=0$의 해일 때, 정적분 $\int_\alpha^\beta |f(x)-g(x)|dx$의 값을 구하고 그 이유를 논하시오.

3-iii

<제시문 3>에서 $C<0$이고 A, B가 이차방정식 $x^2+9C=0$의 두 근일 때, 삼차함수 $y=g(x)$는 다음의 조건을 만족시킨다.

- 함수 $y=g(x)$가 극값을 가지고, 극댓값은 양수이고 극솟값은 음수이다.
- 함수 $y=g(x)$의 극댓값과 극솟값의 차는 $24\sqrt{6}$이다.

이때, A의 값을 구하고 그 이유를 논하시오.

성균관대 자연계 2024학년도 과학인재 구술

문제 1

〈제시문〉

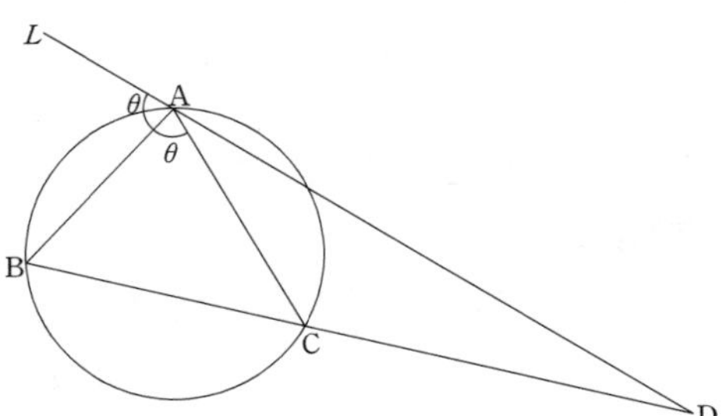

1. 그림과 같이 $\theta > \frac{\pi}{12}$ 인 임의의 예각 θ와 원 $x^2 + y^2 = 1$ 위의 두 점 $A(0,\ 1)$, $C\left(\frac{\sqrt{3}}{2},\ -\frac{1}{2}\right)$에 대해, 점 B는 더 긴 길이를 갖는 호 AC 위에 놓여 있고, $\angle BAC = \theta$인 점이다.
2. 직선 L은 점 A를 지나고, 점 C를 지나지 않으며, 선분 AB와 이루는 예각이 θ인 직선이고, 직선 L이 선분 BC와 평행하게 될 때, 그 때의 θ의 값을 α라고 정의하자.
3. $\alpha < \theta < \frac{\pi}{2}$ 인 경우에, 직선 L이 선분 BC의 연장선과 다시 만나는 점을 점 D라 하고, 선분 AD의 길이를 함수 $f(\theta)$로 정의하자.

1-i

<제시문>에 주어진 α의 값에 관하여 논하시오.

1-ii

<제시문>에 주어진 함수 $f(\theta)$를 구하고, 그 과정을 논하시오.

성균관대 자연계 2024학년도 모의논술

문제 1

〈제시문1〉

$0 \leq k < 1$일 때, 곡선 $y = x - x^2$ 위의 점 $\mathrm{P}(k,\ k - k^2)$에서 이 곡선에 접하는 접선을 l이라 하고, 직선 l이 곡선 $y = x^2 - x$와 제1사분면에서 만나는 점을 $\mathrm{Q}(\alpha,\ \beta)$라고 하자.

〈제시문2〉

곡선 $y = x - x^2$, 선분 PQ, 직선 $x = 1$로 둘러싸인 도형의 넓이를 $A(k)$라고 놓고, 곡선 $y = x^2 - x$와 직선 l로 둘러싸인 영역 중에서 직선 $x = 1$의 오른쪽에 있는 부분의 넓이를 $B(k)$라고 놓자.

1-i

<제시문1>에서 주어진 k의 값이 0일 때, <제시문2>에서 정의된 $A(0)$과 $B(0)$에 대하여, 이들의 비 $A(0) : B(0)$이 어떻게 되는지 논하여라.

1-ii

<제시문2>의 함수 $B(k)$를 k와 α에 대한 다항식의 형태로 나타내어라.

1-iii

<제시문2>의 함수 $B(k)$와 2보다 크거나 같은 정수 n에 대하여, $B\left(\frac{1}{n}\right)$의 값이 $C + D\sqrt{n^2 - 2n + 2}$ (C와 D는 유리수) 형태로 표시됨을 보이고, D는 항상 양수가 됨을 논하여라.

문제 2

〈제시문1〉

두 함수 $f(x)$, $g(x)$가 닫힌구간 $[a,\ b]$에서 연속일 때, 두 곡선 $y=f(x)$, $y=g(x)$ 및 두 직선 $x=a$, $x=b$로 둘러싸인 도형의 넓이 S는 다음과 같다.

$$S=\int_a^b |f(x)-g(x)|dx$$

〈제시문2〉

첫째항이 a, 공비가 r인 등비수열의 첫째항부터 제n항까지의 합 S_n은 다음과 같다.

$$S_n=\begin{cases}\dfrac{a(r^n-1)}{r-1} & (r\neq1\text{일 때})\\ na & (r=1\text{일 때})\end{cases}$$

〈제시문3〉

양의 실수 전체의 집합에서 연속인 함수 $f(x)$가 다음 두 조건을 만족시킨다. (단, A, B는 상수이고, $A>1$이다.)

- 모든 양의 실수 x에 대하여 $f(Ax)=Af(x)$가 성립한다.
- 닫힌 구간 $[1,\ A]$에서 $f(x)=B-\dfrac{2B}{A-1}\left|x-\dfrac{A+1}{2}\right|$이다.

2-i

<제시문3>의 함수 $f(x)$에 대하여, $A=3$이고 $B=1$일 때, 정적분 $\int_{\frac{2}{3}}^{9} f(x)dx$의 값을 구하고 그 이유를 논하여라.

2-ii

삼차함수 $g(x)=x^3-9x^2+18x$와 <제시문3>의 함수 $f(x)$에 대하여 $A=2$이고 $B=\dfrac{1}{2}$일 때, 합성함수 $(g\circ f)(x)$가 $x=a$에서 극솟값을 가진다고 한다. $1\le a\le 100$일 때 가능한 a값의 개수를 구하고 그 이유를 논하여라.

2-iii

<제시문3>의 함수 $f(x)$에 대하여, 수열 a_1, a_2, a_3, $\cdots$을 $a_n=\int_{A^{n-1}}^{A^n} f(x)dx$로 정의하자. 수열의 각 항 a_n에 대해 $\log_3 a_n$의 값이 모두 정수이고 다음의 두 조건

- $\displaystyle\sum_{n=1}^{6}\log_3 a_n=117$
- $\displaystyle 37<\log_3\left(\sum_{n=1}^{6}a_n\right)<38$

을 만족할 때, 가능한 순서쌍 $(A,\ B)$를 모두 구하고 그 이유를 논하여라.

문제 3

〈제시문1〉

모든 자연수 n에 대하여, a_n을 $\dfrac{54484}{333333}$의 소수점 n번째 자리의 수로 정의하고, 양의 정수 집합에서 정의되는 함수 $f(n)$을 $f(n) = a_n - a_{n+4}$로 정의하자.

〈제시문2〉

함수 $g(x)$를 $g(x) = x - x^2$으로 정의하고, 1보다 크거나 같은 실수 x에 대하여 함수 $h(x)$를 다음과 같이 정의하자.

$$h(x) = \begin{cases} f(1)g(x-1), & 1 \le x < 2 \\ f(2)g(x-2), & 2 \le x < 3 \\ f(3)g(x-3), & 3 \le x < 4 \\ f(4)g(x-4), & 4 \le x < 5 \\ f(5)g(x-5), & 5 \le x < 6 \\ f(6)g(x-6), & 6 \le x < 7 \\ h(x-6), & 7 \le x \end{cases}$$

3-i

$1 \le n \le 20$에 대하여, <제시문1>의 수열 a_n의 값과 $f(n)$의 값을 표로 나타내고, <제시문2>의 함수 $h(x)$의 그래프의 개형에 대하여 논하여라.

3-ii

구간 $1 < x < 100$에서 <제시문2>의 함수 $h(x)$의 미분불가능한 점의 개수에 대하여 논하여라.

3-iii

<제시문2>의 함수 $h(x)$에 대하여, $\displaystyle\int_1^{100} h(x)dx$의 값에 대하여 논하여라

성균관대 자연계 2024학년도 과학인재 모의구술

〈제시문1〉

집합 S는 좌표평면 위의 점 $\mathrm{P}(a,\ b)$ 중에서 a와 b의 값이 모두 정수이며 $1 \le |a|,\ |b| \le 4$인 점들의 집합이다.

〈제시문2〉

타원 $x^2+2y^2=8$ 외부의 한 점 P를 지나는 타원의 두 접선의 접점을 각각 A와 B라고 할 때, $\angle \mathrm{APB} > 90°$를 만족한다.

<제시문1>의 집합 S에 포함된 점 P 중에서 <제시문2>를 만족시키는 점의 개수를 구하고, 그 이유를 논하시오.

성균관대 자연계 2023학년도 수시논술 1교시

문제 1

〈제시문1〉

좌표평면 위의 두 점 $\mathrm{A}(x_1,\ y_1)$, $\mathrm{B}(x_2,\ y_2)$ 사이의 거리는 다음과 같다.

$$\overline{\mathrm{AB}}=\sqrt{(x_2-x_1)^2+(y_2-y_1)^2}$$

〈제시문2〉

중심의 좌표가 $(a,\ b)$이고, 반지름의 길이가 r인 원의 방정식은 다음과 같다.

$$(x-a)^2+(y-b)^2=r^2$$

〈제시문3〉

두 직선 $y=mx+n$, $y=m'x+n'$에서 $mm'=-1$이면 두 직선은 서로 수직이다.

〈제시문4〉

원점을 중심으로 하고 반지름의 길이가 1인 원을 C라 한다. $-1<x<0$에서 정의된 곡선 $y=(x+1)^2$ 위의 점 P에서의 접선을 L이라 하자. 또한, 점 P를 지나고 x축에 평행한 직선이 원 C와 만나는 두 점 중, x좌표가 음수인 점을 A, x좌표가 양수인 점을 B라고 한다.

1-i

<제시문 4>에서 정의된 점 P와 직선 L에 대해서, 원점 O와 점 P를 연결하는 직선의 기울기가 $-\dfrac{1}{2}$일 때, 직선 L이 원 C와 만나는 두 점을 E, F라 하자. $\overline{\mathrm{EF}}^2$을 구하고 그 이유를 논하시오.

1-ii

<제시문 4>에서 정의된 점 P와 직선 L에 대해서, $\overline{\mathrm{OP}}$가 최소가 될 때 직선 L과 선분 OP가 수직임을 보이고 그 이유를 논하시오.

1-iii

<제시문 4>에서 정의된 점 P, A, B와 직선 L에 대해서, $\overline{\mathrm{AP}}\times\overline{\mathrm{PB}}$가 최댓값을 가질 때 직선 L과 선분 OP가 수직임을 보이고 그 이유를 논하시오.

문제 2

〈제시문1〉

삼각형 ABC의 외접원의 반지름의 길이 R에 대해 다음이 성립한다.

$$\frac{\overline{\mathrm{BC}}}{\sin A}=\frac{\overline{\mathrm{CA}}}{\sin B}=\frac{\overline{\mathrm{AB}}}{\sin C}=2R$$

〈제시문2〉

그림과 같이 양의 실수 a에 대해 반지름이 a인 원에 내접하는 삼각형 ABC가 다음 세 가지 조건을 만족한다.

(1) $\overline{\mathrm{BC}}=\sqrt{3}a$

(2) $\angle A<90°$

(3) $0<\overline{\mathrm{AC}}\le\overline{\mathrm{AB}}$

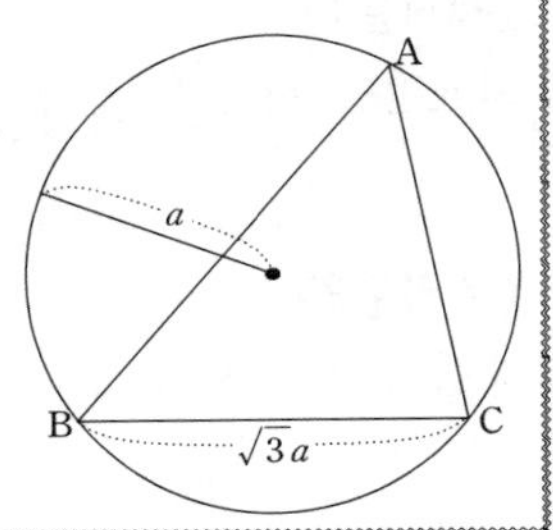

2-i

<제시문2>의 삼각형 ABC에 대해 $\angle A$를 구하고 그 이유를 논하시오.

2-ii

<제시문2>의 삼각형 ABC에 대해 $a=10$일 때, $\overline{\mathrm{AB}}$와 $\overline{\mathrm{AC}}$가 모두 정수가 되는 $\overline{\mathrm{AB}}$와 $\overline{\mathrm{AC}}$의 값을 모두 찾고 그 이유를 논하시오.

2-iii

<제시문2>의 삼각형 ABC에 대해 $a=\sqrt{10}$이라 하자. 2023 이하인 자연수 M에 대해, $\overline{\mathrm{AB}}+\overline{\mathrm{AC}}=M$을 만족하는 순서쌍 $(\overline{\mathrm{AB}},\ \overline{\mathrm{AC}})$가 존재하는 모든 M의 합을 구하고 그 이유를 논하시오.

2-iv

<제시문2>의 삼각형 ABC에 대해 $a=\sqrt{2}$라 하자. 2023 이하인 자연수 N에 대해, $\overline{\mathrm{AB}}^2$과 $\overline{\mathrm{AC}}^2$은 정수가 아니고 $\overline{\mathrm{AB}}\times\overline{\mathrm{AC}}=N$을 만족하는 순서쌍 $(\overline{\mathrm{AB}}^2,\ \overline{\mathrm{AC}}^2)$이 존재하는 모든 N의 합을 구하고 그 이유를 논하시오.

문제 3

〈제시문1〉

자연수 n에 대한 명제 $p(n)$이 모든 자연수 n에 대하여 성립함을 증명하려면 다음 두 가지를 보이면 된다.

(a) $n=1$일 때 명제 $p(n)$이 성립한다.

(b) $n=k$일 때 명제 $p(n)$이 성립한다고 가정하면 $n=k+1$일 때에도 명제 $p(n)$이 성립한다.

〈제시문2〉

삼각함수 사이에는 다음의 관계가 성립한다.

$$\tan\theta = \frac{\sin\theta}{\cos\theta},\ \sin^2\theta + \cos^2\theta = 1$$

〈제시문3〉

삼각형 ABC는 $\angle \mathrm{ACB} = 90°$이고 $\angle \mathrm{ABC} = \theta$인 직각삼각형이다. 오른쪽 그림과 같이 삼각형 ABC의 내부에 정사각형 $R_1, R_2, R_3, \cdots$을 계속해서 만들어 나간다. 이때, 정사각형 R_n의 넓이를 s_n이라고 하자. 2 이상인 자연수 n에 대하여 이와 같이 정의된 정사각형 $R_1, R_2, \cdots, R_n$ 중에서, 모든 홀수 번째 정사각형의 넓이의 합을 P_n이라 하고 모든 짝수 번째 정사각형의 넓이의 합을 Q_n이라 하자. (단, 정사각형 R_1의 한 변의 길이는 1이다.)

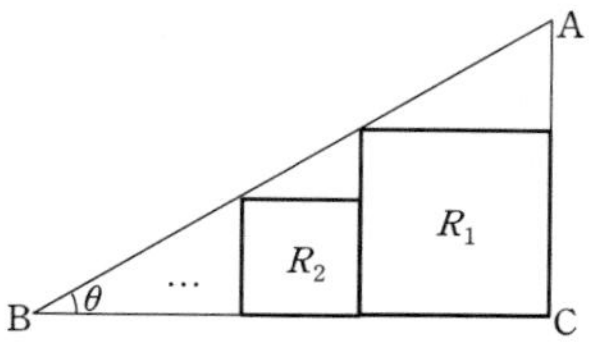

3-i

<제시문3>에서 정의된 수열 $\{s_n\}$과 $t=\tan\theta$에 대해, 일반항 s_n을 n과 t에 대한 식으로 표현하고 그 이유를 논하시오.

3-ii

<제시문3>에서 $\theta = \frac{\pi}{3}$일 때, $\frac{P_{2023}}{Q_{2023}} + \frac{Q_{2021}}{P_{2021}}$의 값을 구하고 그 이유를 논하시오.

3-iii

<제시문3>에서 정의된 2023개의 정사각형 $R_1, R_2, \cdots, R_{2023}$ 중에서, 1012개의 홀수 번째 정사각형의 넓이의 평균값 $\frac{P_{2023}}{1012}$과 1011개의 짝수 번째 정사각형의 넓이의 평균값 $\frac{Q_{2023}}{1011}$의 대소관계를 <제시문1>의 수학적 귀납법과 문제 3-ii를 이용하여 판단하고, 그 이유를 논하시오.

성균관대 자연계 2023학년도 수시논술 2교시

문제 1

〈제시문1〉

첫째항부터 차례대로 일정한 수를 더하여 만든 수열을 등차수열이라 하며, 그 일정한 수를 공차라고 한다. 공차가 d인 등차수열 $\{a_n\}$에서 제n항에 공차 d를 더하면 제$(n+1)$항이 되므로 다음이 성립한다.

$$a_{n+1} = a_n + d \quad (n = 1, 2, 3, \cdots)$$

〈제시문2〉

첫째항부터 차례대로 일정한 수를 곱하여 만든 수열을 등비수열이라 하며, 그 일정한 수를 공비라고 한다. 공비가 r $(r \neq 0)$인 등비수열 $\{a_n\}$에서 제n항에 공비 r을 곱하면 제$(n+1)$항이 되므로 다음이 성립한다.

$$a_{n+1} = ra_n \quad (r \neq 0,\ n = 1, 2, 3, \cdots)$$

〈제시문3〉

세 개의 정수로 이루어진 순서쌍의 집합 M을 다음과 같이 정의하자.

$$M = \{(a, b, c) \mid a, b, c\text{는 정수이고 } 1 \leq |a|, |b|, |c| \leq 100\}$$

이때, 집합 M의 원소의 개수는 200^3이다.

1-i

삼각형의 세 변의 길이가 각각 100 이하의 자연수이면서 등차수열을 이루는 삼각형의 개수를 구하고 그 이유를 논하시오. (단, 합동인 두 삼각형은 한 개의 삼각형으로 간주한다.)

1-ii

삼각형의 세 변의 길이가 각각 100 이하의 자연수이면서 등비수열을 이루는 삼각형의 개수를 구하고 그 이유를 논하시오. (단, 합동인 두 삼각형은 한 개의 삼각형으로 간주하며, $\sqrt{5} = 2.236\cdots$이다.)

1-iii

<제시문3>에서 정의된 집합 M의 원소 (a, b, c)중에서 다음의 조건을 모두 만족하는 모든 원소의 개수를 구하고 그 이유를 논하시오.

(가) a, b, c는 이 순서대로 등차수열을 이룬다.

(나) a, b, c를 일렬로 나열하여 적어도 한 개의 등비수열을 만들 수 있다. 예를 들어, $(a, b, c) = (1, 2, 3)$인 경우 a, b, c를 일렬로 나열하는 방법은 다음의 여섯 가지가 있다.

① 1, 2, 3 ② 1, 3, 2 ③ 2, 1, 3 ④ 2, 3, 1 ⑤ 3, 1, 2 ⑥ 3, 2, 1

문제 2

〈제시문1〉

모든 실수 x에 대하여 다음이 성립한다.

$$\cos\left(x+\frac{\pi}{2}\right)=-\sin x,\ \cos(x+\pi)=-\cos x,\ \cos\left(x+\frac{3\pi}{2}\right)=\sin x,\ \cos(x+2\pi)=\cos x$$

〈제시문2〉

모든 실수 x에 대하여 다음이 성립한다.

$$\cos^2 x+\sin^2 x=1$$

2-i

방정식 $4\cos\left(x+\frac{n\pi}{2}\right)=1$이 $0<x<\frac{\pi}{4}$에서 해를 갖도록 하는 2023 이하의 자연수 n의 개수를 구하고 그 이유를 논하시오.

2-ii

방정식 $6\cos^2\left(x+\frac{m\pi}{2}\right)+\cos\left(x+\frac{n\pi}{2}\right)=5$가 $0<x<\frac{\pi}{4}$에서 해를 갖도록 하는 순서쌍 $(m,\ n)$의 개수를 구하고 그 이유를 논하시오. (단, m, n은 23 이하인 자연수이다.)

2-iii

방정식 $8\cos^4\left(x+\frac{n\pi}{2}\right)-7\cos^2\left(x+\frac{n\pi}{2}\right)+3\cos\left(x+\frac{n\pi}{2}\right)=1$이 $0<x<\frac{\pi}{4}$에서 해를 갖도록 하는 2023 이하의 자연수 n의 개수를 구하고 그 이유를 논하시오.

문제 3

〈제시문1〉

상수 a, b, c, d에 대하여 삼차함수 $f(x)=ax^3+bx^2+cx+d$가 있다 (단, a, d는 양수). 실수 t와 양수 h에 대해 원점 O와 두 점 $\mathrm{P}(t,\ f(t))$, $\mathrm{Q}(t+h,\ f(t+h))$를 각각 잇는 선분 OP, OQ가 있다. 다음 그림과 같은 방식으로 $y=f(x)$의 그래프의 점 P에서 점 Q까지의 부분과 선분 OP, OQ로 둘러싸인 도형의 넓이를 $p(h)$라 하고 $A(t)=\lim_{h\to 0+}\frac{p(h)}{h}$라 하자.

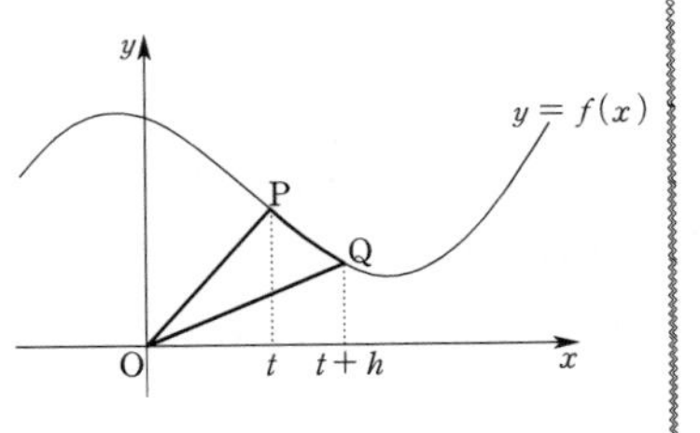

〈제시문2〉

<제시문1>에서 정의된 함수 $A(t)$가 다음의 조건을 모두 만족한다.

(가) 방정식 $A(t)=0$이 두 개의 실근 α와 β만을 갖는다 (단, $\alpha<\beta$).

(나) 함수 $A(t)$는 $t=\beta$에서 미분가능하지 않다.

(다) 함수 $A(t)$는 극댓값 16을 갖는다.

(라) $\int_0^{2\beta} A(t)dt=38$이다.

3-i

<제시문1>에서 주어진 함수 $f(x)$에 대하여 $\int_0^1 f(x)dx$의 값을 a, b, c, d를 사용하여 표현하고 그 이유를 논하시오.

3-ii

<제시문1>에서 주어진 함수 $A(t)$를 a, b, c, d와 t를 사용하여 표현하고 그 이유를 논하시오.

3-iii

<제시문1>에서 주어진 함수 $A(t)$가 <제시문2>의 조건을 만족할 때, α, β와 a의 값을 구하고 그 이유를 논하시오.

3-iv

<제시문1>에서 주어진 함수 $f(x)$가 $\int_0^1 f(x)dx=23$을 만족하고 <제시문1>에서 주어진 함수 $A(t)$가 <제시문2>의 모든 조건을 만족할 때, a, b, c, d의 값을 구하고 그 이유를 논하시오.

성균관대 자연계 2023학년도 모의논술

문제 1

〈제시문1〉

자연수 n에 대한 명제 $p(n)$이 모든 자연수 n에 대하여 성립함을 증명하려면 다음 두 가지를 보이면 된다.

(a) $n=1$일 때 명제 $p(n)$이 성립한다.

(b) $n=k$일 때 명제 $p(n)$이 성립한다면 $n=k+1$일 때에도 $p(n)$이 성립한다.

〈제시문2〉

두 사건 A, B가 동시에 일어나지 않을 때, 사건 A와 사건 B가 일어나는 경우의 수를 각각 m, n이라고 하면 사건 A 또는 사건 B가 일어나는 경우의 수는 $m+n$이다.

〈제시문3〉

두 정수 a와 b에 대하여 이차방정식 $x^2+ax-b=0$의 두 근을 α, β (단, $\alpha \le \beta$)라고 할 때, 모든 자연수 n에 대하여

$$f_n = \sum_{k=0}^{n} \alpha^{n-k}\beta^k = \alpha^n + \alpha^{n-1}\beta + \cdots + \alpha\beta^{n-1} + \beta^n$$

으로 정의하자.

1-i

<제시문3>에서 정의된 수열 $\{f_n\}$에 대하여 $f_{n+2}=-af_{n+1}+bf_n$이 모든 자연수 n에 대하여 성립함을 보이시오.

1-ii

<제시문1>의 수학적 귀납법을 이용하여 <제시문3>에서 정의된 수열 $\{f_n\}$의 모든 항이 정수라는 사실을 보이시오.

1-iii

동전을 5번 던져 앞면이 a번 나오고 뒷면이 b번 나왔다고 할 때, $|f_5|$의 값이 1000보다 클 경우의 수를 구하고, 그 이유를 논하시오.

문제 2

〈제시문1〉

자연수의 거듭제곱의 합은 다음과 같다.

$$\sum_{k=1}^{n} k = \frac{n(n+1)}{2}, \quad \sum_{k=1}^{n} k^2 = \frac{n(n+1)(2n+1)}{6}, \quad \sum_{k=1}^{n} k^3 = \left\{\frac{n(n+1)}{2}\right\}^2$$

〈제시문2〉

첫째항이 a, 공차가 d인 등차수열의 제n항을 l이라 하고, 첫째항부터 제n항까지의 합을 S_n이라고 하면

$$S_n = \frac{n(a+l)}{2} = \frac{n\{2a+(n-1)d\}}{2}$$

이다.

〈제시문3〉

음이 아닌 정수 x가 음이 아닌 정수 a와 b에 대해 $3x = 15a - 25b - 2$를 만족할 때, 이러한 모든 x의 집합을 S라고 하자. 그리고, 집합 S의 원소를 작은 수부터 차례대로 $a_1, a_2, a_3, \cdots$으로 나타내자.

2-i

<제시문3>에서 정의된 수열 $\{a_n\}$에 대하여 a_{100}의 값을 구하고, 그 이유를 논하시오.

2-ii

<제시문3>에서 정의된 수열 $\{a_n\}$에 대하여 $\sum_{n=11}^{20} a_n^2 = a_{11}^2 + a_{12}^2 + \cdots + a_{20}^2$의 값을 구하고, 그 이유를 논하시오.

2-iii

<제시문3>에서 정의된 수열 $\{a_n\}$과 상수 c에 대하여, 일반항이 $b_n = a_n - c(n-1)$인 수열 $\{b_n\}$을 정의하고, 이 수열 $\{b_n\}$의 첫째항부터 제n항까지의 합을 T_n이라고 하자. 비 $T_n : T_{2n}$이 n의 값에 관계없이 일정하기 위한 c의 값을 모두 구하고, 그 이유를 논하시오.

문제 3

<제시문1>

실수 x의 절댓값 $|x|$는 수직선 위에서 실수 x를 나타내는 점과 원점 사이의 거리를 나타낸다. 예를 들어, $|x|=5$이면 $x=5$ 또는 $x=-5$이다.

<제시문2>

함수 $f(x)$에서 $x=a$를 포함하는 어떤 열린구간에 속하는 모든 x에 대하여 $f(x) \le f(a)$일 때, 함수 $f(x)$는 $x=a$에서 극대라 하며, $f(a)$를 극댓값이라고 한다. 또, $x=a$를 포함하는 어떤 열린구간에 속하는 모든 x에 대하여 $f(x) \ge f(a)$일 때, 함수 $f(x)$는 $x=a$에서 극소라 하며, $f(a)$를 극솟값이라고 한다. 극댓값과 극솟값을 통틀어 극값이라고 한다.

<제시문3>

<제시문1>을 이용하여 실수 전체에서 정의되는 두 함수 $f(x)$와 $g(x)$를 다음과 같이 정의하자.

$f(x)=x-|x+2|+|x+1|-|x-1|+|x-2|$,

$g(x)=|x|^3-x^2$.

그리고, 이 두 함수의 합성함수를 $h(x)=(g\circ f)(x)=g(f(x))$라고 하자.

3-i

<제시문3>에서 함수 $f(x)$가 $x=a$에서 극대일 때, 가능한 a의 값을 모두 구하고, 그 이유를 논하시오.

3-ii

<제시문3>에서 정의된 함수 $h(x)$가 $x=a$에서 극대이기 위한 a의 절댓값의 합과 $x=b$에서 극소이기 위한 b의 절댓값의 합을 각각 구하고, 그 이유를 논하시오.

3-iii

<제시문3>에서 정의된 함수 $h(x)$에 대하여 정적분 $\int_{-2}^{2} h(x)dx$의 값을 구하고, 그 이유를 논하시오.

성균관대 자연계 2022학년도 수시논술 1교시

수학 1

〈제시문1〉

첫째항에 차례로 일정한 수를 더하여 얻어진 수열을 등차수열이라 하고, 그 일정한 수를 공차라고 한다. 그리고, 첫째항에 차례로 일정한 수를 곱하여 얻어진 수열을 등비수열이라 하고, 그 일정한 수를 공비라고 한다.

〈제시문2〉

자연수의 거듭제곱의 합은 다음의 등식으로 구할 수 있다.

(i) $1+2+3+\cdots+n=\sum_{k=1}^{n} k=\frac{n(n+1)}{2}$

(ii) $1^2+2^2+3^2+\cdots+n^2=\sum_{k=1}^{n} k^2=\frac{n(n+1)(2n+1)}{6}$

〈제시문3〉

수열 $\{a_n\}$을 오른쪽 그림과 같이 삼각형 모양으로, 가장 위 꼭짓점에서부터 출발하여 왼쪽에서 오른쪽으로, k번째 줄에는 k개씩 배열하자. 그리고 모든 양의 정수 n에 대하여, 이 수열의 첫째항부터 제n항까지의 합을 S_n이라고 한다.

a_1
a_2 a_3
a_4 a_5 a_6
a_7 a_8 a_9 a_{10}
a_{11} a_{12} a_{13} a_{14} a_{15}
a_{16} a_{17} $\cdots$
$\cdots$

1-i

<제시문3>에서 모든 양의 정수 n에 대하여 $S_n=n^2+n+1$일 때, 삼각형의 위 꼭짓점에서부터 50번째 줄까지 각 줄의 가장 오른쪽에 배열되는 수들의 합을 구하고, 그 이유를 논하시오.

1-ii

<제시문3>에서 수열 $\{a_n\}$을 삼각형 모양으로 배열할 때, 짝수 번째 줄의 배열은 역순으로 하자. 예를 들어, 두 번째 줄은 a_2 a_3이 아니라 a_3 a_2로 재배열하고, 네 번째 줄은 a_7 a_8 a_9 a_{10}이 아니라 a_{10} a_9 a_8 a_7로 재배열한다. 1-i에서와 같이 모든 양의 정수 n에 대하여 $S_n=n^2+n+1$일 때, 삼각형의 위 꼭짓점에서부터 50번째 줄까지 각 줄의 가장 오른쪽에 배열되는 수들의 합을 구하고, 그 이유를 논하시오.

1-iii

<제시문3>에서 모든 양의 정수 n에 대하여 $S_n=2^n$이고, 수열 $\{a_n\}$을 삼각형 모양으로 배열할 때, 1-ii에서와 같이 짝수 번째 줄의 배열은 역순으로 하자. 이때 삼각형의 위 꼭짓점에서부터 50번째 줄까지 각 줄의 가장 오른쪽에 배열되는 수들의 곱을 구하고, 그 이유를 논하시오.

수학 2

〈제시문1〉

(i) 함수 $f(x)$를 다음과 같이 정의하자.

$$f(x)=\begin{cases}-x^2-x & (x\le 0)\\ x^2-x & (x>0)\end{cases}$$

(ii) 함수 $g(x)$를 다음과 같이 정의하자. $g(0)=0$이며, 0이 아닌 실수 b에 대하여, 곡선 $y=f(x)$ 위의 점 $(b,\ f(b))$에서의 접선이 접점을 제외한 곡선 $y=f(x)$와 다시 만나는 점의 x좌표를 $g(b)$로 한다.

(iii) 함수 $h(x)$를 함수 $g(x)$의 역함수로 정의하자.

〈제시문2〉

(i) $x_0=1$로 놓고, 양의 정수 n에 대하여, $x_{n+1}=h(x_n)$으로 정의하자.

(ii) 음이 아닌 정수 n에 대하여, $y_n=f(x_n)$으로 정의하고, 점 P_n을 $(x_n,\ y_n)$으로 놓자.

(iii) 음이 아닌 정수 n에 대하여, 점 P_n과 점 P_{n+1}을 잇는 직선의 방정식을 $y=L_n(x)$로 놓자.

(iv) 음이 아닌 정수 n에 대하여, 직선 $y=L_n(x)$와 곡선 $y=f(x)$로 둘러싸인 영역의 넓이를 A_n이라고 하자.

2–i

<제시문1>에서 정의된 두 함수 $g(x)$와 $h(x)$를 모두 구하고, 그 이유를 논하시오.

2–ii

음이 아닌 정수 m에 대하여, <제시문2>에 주어진 함수 $L_{2m}(x)$와 $L_{2m+1}(x)$의 모든 계수를 α와 m에 대한 식으로 표시하고, 그 이유를 논하시오. (단, α는 $1-\sqrt{2}$이다.)

2–iii

음이 아닌 정수 m에 대하여, <제시문2>에 주어진 A_{2m}과 A_{2m+1}을 모두 α와 m에 대한 식으로 표시하고, 그 이유를 논하시오. (단, α는 $1-\sqrt{2}$이다.)

2–iv

음이 아닌 정수 m에 대하여, $\dfrac{A_{2m+1}}{A_{2m}}$의 값을 구하고, m에 관계없이 항상 일정함을 논하시오.

성균관대 자연계 2022학년도 수시논술 2교시

수학 1

〈제시문1〉

$f(x)$는 최고차항의 계수가 -1인 사차함수이다. 기울기가 양수이고 원점을 지나는 직선 L이 $y=f(x)$에 두 점 $(a,\ f(a))$와 $(b,\ f(b))$에 접한다. 그리고 L과 평행인 직선이 $y=f(x)$와 $(c,\ f(c))$에 접한다. (단, $a,\ b,\ c$는 $0<a<c<b$를 만족하는 실수이다.)

〈제시문2〉

<제시문1>에서 주어진 함수 $f(x)$와 $a,\ b,\ c$에 대하여 $c<x<b$를 만족하며 $f'(x)$가 최대가 되게 하는 x의 값을 d라 하자.

〈제시문3〉

<제시문1>에서 주어진 함수 $f(x)$와 $a,\ b,\ c$에 대하여 두 점 $(c,\ f(c))$와 $(b,\ f(b))$를 잇는 직선이 $y=f(x)$와 만나는 점을 $(e, f(e))$라 하자. (단, e는 $c<e<b$를 만족하는 실수이다.)

1-i

<제시문1>에서 주어진 c를 $a,\ b$로 표현하고 그 이유를 논하시오.

1-ii

<제시문2>에서 주어진 c를 $a,\ b$로 표현하고 그 이유를 논하시오.

1-iii

<제시문3>에서 주어진 e를 $a,\ b$로 표현하고 그 이유를 논하시오.

1-iv

<제시문1>~<제시문3>에서 주어진 $a,\ b,\ d,\ e$에 대해 $\dfrac{e-d}{b-a}$의 값을 구하고, 그 이유를 논하시오.

수학 2

〈제시문1〉

함수 $f(x)$에서 $x=a$를 포함하는 어떤 열린구간에 속하는 모든 x에 대하여 $f(x) \le f(a)$일 때, 함수 $f(x)$는 $x=a$에서 극대라 하며, $f(a)$를 극댓값이라고 한다. 또한, $x=a$를 포함하는 어떤 열린구간에 속하는 모든 x에 대하여 $f(x) \ge f(a)$일 때, 함수 $f(x)$는 $x=a$에서 극소라 하며, $f(a)$를 극솟값이라고 한다. 극댓값과 극솟값을 통틀어 극값이라고 한다.

〈제시문2〉

함수 $f(x)$가 닫힌구간 $[a, b]$에서 연속이고 함수 $F(x)$가 $f(x)$의 한 부정적분일 때 다음이 성립한다.

$$\int_a^b f(x)dx = [F(x)]_a^b = F(b) - F(a)$$

〈제시문3〉

임의의 실수 a, b, c에 대해, 함수 $g(x)$와 $h(x)$의 그래프는 $y=|x|$의 그래프를 x축의 방향으로 각각 a와 b만큼 평행이동한 것이라 하고, 함수 $u(x)$의 그래프는 $y=-|x|$의 그래프를 y축의 방향으로 c만큼 평행이동한 것이라 하자.

2-i

<제시문3>에서 $a=1$이고 $c<0$이라고 가정하자. 두 함수 $y=2x(x-2)g(x)$와 $y=u(x-1)$의 그래프가 서로 다른 두 개의 교점을 가질 때, 두 그래프로 둘러싸인 부분의 넓이를 구하고, 그 이유를 논하시오.

2-ii

<제시문3>에서 양의 실수 a에 대하여 함수 $y=(x-a)g(x)$의 역함수를 $y=w(x)$라고 하자. 두 곡선 $y=(x-a)g(x)$, $y=w(x)$ 및 직선 $y=-x$로 둘러싸인 부분의 넓이를 $S(a)$라고 할 때, $\sum_{k=1}^{12} S(k)$의 값을 구하고, 그 이유를 논하시오.

2-iii

<제시문3>에서 고정된 실수 a에 대해

$$\int_0^b (x-a)^2 g(x)dx = \int_0^a (x-b)^2 h(x)dx$$

가 성립할 때, 가능한 모든 b의 값의 곱을 a에 관한 식으로 나타내고 그 이유를 논하시오.

성균관대 자연계 2022학년도 수시논술 3교시

수학 1

〈제시문1〉

(i) $f(x)$, $g(x)$, $h(x)$는 이차함수이다.

(ii) $f(x)$, $g(x)$는 $f(0)=f(1)=g(2)=0$과 $f''(0)=-2$를 만족한다.

(iii) $F(x)$는 다음과 같이 정의되는 함수이다.

$$F(x)=\begin{cases} f(x) & (x \le 1) \\ g(x) & (1 < x \le 2) \\ h(x) & (x > 2) \end{cases}$$

(iv) $F(x)$는 모든 실수에서 미분가능하며 최댓값이 2이다.

〈제시문2〉

정의역이 음이 아닌 실수의 집합인 함수 $k(x)$를 다음과 같이 정의한다.

음이 아닌 실수 x에 대하여 $k(x)$는 두 점 $(-1,\ 0)$과 $(x,\ F(x))$를 지나는 직선의 기울기이다.

(단, $F(x)$는 <제시문1>에서 정의된 함수이다.)

1-i

<제시문1>에서 정의된 함수 $F(x)$의 식을 찾고 그 이유를 논하시오.

1-ii

<제시문1>에서 정의된 함수 $F(x)$에 대하여 점 $(-1,\ 0)$에서 $y=F(x)$에 접선을 그을 때 가능한 접점의 x좌표들 중 양수인 것을 모두 구하고, 그 이유를 논하시오.

1-iii

한 개의 주사위를 세 번 던져서 나온 수를 차례로 a, b, c라 하자. 이때 함수 $G(x)$를 다음과 같이 정의하자.

$$G(x)=\begin{cases} a-|x-a| & (x \le 2a) \\ b-|x-2a-b| & (2a < x \le 2a+2b) \\ c-|x-2a-2b-c| & (x > 2a+2b) \end{cases}$$

<제시문2>에서 정의된 함수 $k(x)$에 대하여, 합성함수 $(k \circ G)(x)$가 열린구간 $(0,\ 2a+2b+2c)$에서 9개의 극댓값을 갖게 되는 순서쌍 $(a,\ b,\ c)$의 개수를 구하시오. (단, 주사위는 각 면에 1부터 6까지의 자연수가 하나씩 적힌 정육면체이다.)

수학 2

〈제시문〉

이차함수 $f(x)=ax^2+bx+c$가 다음의 조건들을 만족한다.

(i) a는 0이 아닌 정수이고, b와 c는 모두 정수이다.

(ii) $b^2-4ac=1$

2-i

1보다 큰 자연수 N에 대하여, <제시문>에 주어진 이차함수 $f(x)$가 두 조건 $f(0)<0$과 $f(N)>0$을 동시에 만족할 수 있는지에 대하여 논하시오.

2-ii

1보다 큰 자연수 N과 <제시문>에 주어진 이차함수 $f(x)$에 대하여 $a<0$이고 $f\left(\frac{1}{N}\right)>0$일 때, 가능한 이차함수 $f(x)$를 모두 구하고, 그 이유를 논하시오.

2-iii

1보다 큰 홀수 M과 <제시문>에 주어진 이차함수 $f(x)$에 대하여 $f(0)<0$이고 $f\left(\frac{2}{M}\right)>0$일 때, 가능한 이차함수 $f(x)$를 모두 구하고, 그 이유를 논하시오.

2-iv

$N=100$일 때 2-ii에서 구한 이차함수 중 하나를 $Q(x)$라 하고, $M=19$일 때 2-iii에서 구한 이차함수 중 하나를 $R(x)$라 하자. 자연수 n에 대하여 $Q(n)$이 어떤 수열 $\{a_n\}$의 첫째항부터 제n항까지의 합과 같고, $R(n)$은 어떤 수열 $\{b_n\}$의 첫째항부터 제n항까지의 합과 같다고 하자. 이때 가능한 모든 수열 $\{a_n\}$과 수열 $\{b_n\}$에 대하여, $\sum_{n=1}^{10}|a_n-b_n|$의 최솟값과 최댓값을 구하고, 그 이유를 논하시오.

성균관대 자연계 2022학년도 모의논술

수학 1

〈제시문1〉

좌표평면 위의 두 점 $A(x_1, y_1)$, $B(x_2, y_2)$를 이은 선분 AB를 $m:n$ $(m>0, n>0)$으로 내분하는 점 P의 좌표는 다음과 같다.

$$\left(\frac{mx_2+nx_1}{m+n}, \frac{my_2+ny_1}{m+n}\right) \text{ (단, } m\neq n)$$

〈제시문2〉

함수 $f(x)$에서 $x=a$를 포함하는 어떤 열린구간에 속하는 모든 x에 대하여 $f(x)\leq f(a)$일 때, 함수 $f(x)$는 $x=a$에서 극대라 하며, $f(a)$를 극댓값이라고 한다 또, $x=a$를 포함하는 어떤 열린구간에 속하는 모든 x에 대하여 $f(x)\geq f(a)$일 때, 함수 $f(x)$는 $x=a$에서 극소라 하며, $f(a)$를 극솟값이라고 한다. 극댓값과 극솟값을 통틀어 극값이라고 한다.

〈제시문3〉

삼차함수 $f(x)=x^3+ax^2+bx$가 서로 다른 두 개의 극값을 $x=\alpha$와 $x=\beta$에서 가진다고 한다. 이때 두 점 $A(\alpha, f(\alpha))$와 $B(\beta, f(\beta))$를 잇는 선분 AB를 고려한다. (단, a와 b는 정수이고, $\alpha<\beta$이다.)

1-i

<제시문3>에서 직선 AB의 기울기 값이 $-\frac{2}{9}$보다 크기 위한 정수 a와 b가 존재하지 않음을 보이고 그 이유를 논하시오.

1-ii

<제시문3>에서 $-5\leq a\leq 5$, $-5\leq b\leq 5$일 때 선분 AB가 x축과 만나지 않도록 하는 순서쌍 (a, b)를 모두 구하고, 그 이유를 논하시오.

1-iii

<제시문3>에서 $-3\leq a\leq 3$, $-3\leq b\leq 3$일 때 선분 AB를 삼등분하는 두 점을 C와 D라고 하자. 선분 CD가 y축과 만나지 않도록 하는 순서쌍 (a, b)의 개수를 구하고, 그 이유를 논하시오.

수학 2

〈제시문1〉

함수 $f(x)$가 $x=a$에서 미분가능할 때 곡선 $y=f(x)$ 위의 점 $(a,\ f(a))$에서의 접선의 방정식은 다음과 같다.

$$y-f(a)=f'(a)(x-a)$$

〈제시문2〉

함수 $f(x)$가 미분가능하고 $f'(a)=0$일 때, $x=a$의 좌우에서 $f'(x)$의 부호가

(a) 양에서 음으로 바뀌면 $f(x)$는 $x=a$에서 극대이고, 극댓값 $f(a)$를 갖는다.

(b) 음에서 양으로 바뀌면 $f(x)$는 $x=a$에서 극소이고, 극솟값 $f(a)$를 갖는다.

〈제시문3〉

양의 정수 n과 실수 a에 대해 함수 $f(x)=a|x|^n-\frac{n-1}{4}$과 사차함수 $g(x)=x^4-x^2$을 정의한다.

2-i

<제시문3>에서 $n=1$일 때, 두 곡선 $y=f(x)$와 $y=g(x)$가 만나는 서로 다른 점의 개수가 3개보다 많기 위한 실수 a값의 범위를 구하고, 그 이유를 논하시오.

2-ii

<제시문3>에서 $n=2$이고 $a=4$일 때, 두 개의 곡선 $y=f(x)$와 $4x+8y=1$에 의해 둘러싸인 도형의 내부와 둘레의 점들 중, x좌표의 값이 음수인 점들의 집합을 S라고 하자. 곡선 $y=f(x)$ 위의 점 $(c,\ f(c))$ $\left(0<c<\frac{1}{4}\right)$를 지나고 그 점에서의 접선에 수직인 직선이 집합 S에 속하는 점 P를 지날 때, 점 P와 점 $\mathrm{Q}\left(0,\ -\frac{1}{4}\right)$를 지나는 직선의 기울기의 최댓값을 구하고, 그 이유를 논하시오.

2-iii

<제시문3>에서 $n=3$이고 $a>0$일 때, 점 $\mathrm{P}(0,\ -2)$에서 두 곡선 $y=f(x)$와 $y=g(x)$에 그린 4개의 접선의 접점을 생각하자. 이 4개의 접점과 점 P를 모두 동시에 지나는 원이 존재할 때, 상수 a의 값을 구하고, 그 이유를 논하시오.

성균관대 자연계 2021학년도 수시논술 1교시

수학 1

〈제시문1〉

초점이 $(0,\ p)$, 준선이 $y=-p$인 포물선의 방정식은 다음과 같다.

$$x^2 = 4py \ (\text{단, } p \neq 0)$$

〈제시문2〉

포물선 $x^2 = 4py$ 위의 원점이 아닌 점 C를 지나고 이 점에서의 접선에 수직인 직선이 y축과 만나는 점을 D라 한다. 또한, 점 C에서 y축에 내린 수선의 발을 E라 한다.

〈제시문3〉

자연수 n에 대하여 포물선 $y = nx^2$ 위의 원점이 아닌 점 C_n을 지나고 이 점에서의 접선에 수직인 직선이 y축과 만나는 점을 D_n이라 한다. 또한, 점 C_n에서 y축에 내린 수선의 발을 E_n이라 한다. 이때 선분 D_nE_n의 길이를 a_n이라 한다.

〈제시문4〉

포물선 $x^2 = 4py$ 위의 원점이 아닌 점 $\left(a,\ \dfrac{a^2}{4p}\right)$ (단, $a > 0$)을 지나고 이 점에서의 접선에 수직인 직선을 l_a라 한다. 직선 l_a가 포물선 $x^2 = 4py$와 만나는 두 점의 y좌표의 값을 각각 $f(a)$, $g(a)$라 하고, l_a가 x축과 만나는 점의 x좌표의 값을 $h(a)$라 한다.

1-i

<제시문2>의 점 D와 점 E 사이의 거리는, 점 C의 위치에 관계없이 항상 포물선 $x^2 = 4py$의 초점과 준선 사이의 거리와 같음을 보이고, 그 이유를 논하시오.

1-ii

<제시문3>에서 정의된 수열 $\{a_n\}$에 대해서, 급수 $\displaystyle\sum_{n=1}^{\infty} a_n a_{n+1}$의 값을 구하고, 그 이유를 논하시오.

1-iii

<제시문3>에서 정의된 $f(a)$, $g(a)$, $h(a)$에 대해서 극한 $\displaystyle\lim_{a\to\infty} \frac{f(a)g(a)}{ah(a)}$의 값은 p에 관계없이 일정함을 보이고, 그 이유를 논하시오.

수학 2

〈제시문1〉

유리함수 $y=\dfrac{2x+1}{2x+2}$ 의 그래프 위의 임의의 한 점 $\mathrm{P}(\alpha,\ \beta)$로부터 원점까지 이르는 거리를 r이라 하자.

〈제시문2〉

실수 $a,\ b,\ c$에 대하여 $(a+b+c)^2=a^2+b^2+c^2+2ab+2bc+2ca$가 성립한다.

2-i

<제시문1>의 α, β에 대해 $\alpha>-1$일 때, $\alpha-\beta$의 최솟값과 $\alpha<-1$일 때, $\alpha-\beta$의 최댓값을 각각 구하고, 그 이유를 논하시오.

2-ii

<제시문1>의 $\alpha,\ \beta,\ r$에 대해 $\alpha<-1$일 때, $\alpha-\beta$를 r에 대한 식으로 나타내고, 그 이유를 논하시오.

2-iii

<제시문1>의 α, r, 점 P, 그리고 점 $\mathrm{Q}(-2,\ 2)$에 대해 $\alpha<-1$일 때, 선분 PQ의 길이를 r에 대한 식으로 나타내고, 그 이유를 논하시오.

2-iv

음이 아닌 정수 m에 대하여, $\dfrac{A_{2m+1}}{A_{2m}}$의 값을 구하고, m에 관계없이 항상 일정함을 논하시오.

성균관대 자연계 2021학년도 수시논술 2교시

수학 1

〈제시문1〉

중심의 좌표가 $(a,\ b)$이고, 반지름의 길이가 r인 원의 방정식은 다음과 같다.

$$(x-a)^2+(y-b)^2=r^2$$

〈제시문2〉

초점이 $(0,\ p)$이고, 준선이 $y=-p$인 포물선의 방정식은 다음과 같다.

$$x^2=4py \text{ (단, } p\neq 0)$$

〈제시문3〉

원 $C: (x-12)^2+\left(y-\frac{15}{2}\right)^2=36$ 위의 임의의 점을 A, 포물선 $P: y=x^2$ 위의 임의의 점을 B라고 하자.

1-i

<제시문3>에서 원 C의 중심과 점 B 사이의 거리가 항상 원 C의 반지름보다 큼을 보이고 그 이유를 논하시오.

1-ii

<제시문3>의 두 점 A, B 사이의 거리가 최소가 되도록 하는 점 A와 점 B를 구하고, 그 이유를 논하시오.

1-iii

1-ii에서 구한 점 B에서 <제시문3>의 원 C에 그은 두 접선의 방정식을 구하고, 그 이유를 논하시오.

1-iv

1-iii에서 구한 두 접선이 이루는 각의 크기를 θ (단, $0<\theta\leq\frac{\pi}{2}$)라고 할 때, $\sin\theta$의 값을 구하고, 그 이유를 논하시오.

수학 2

<제시문1>

두 함수 $f(x)$, $g(x)$가 닫힌구간 $[a,\ b]$에서 연속일 때, 두 곡선 $y=f(x)$, $y=g(x)$ 및 두 직선 $x=a$, $x=b$로 둘러싸인 도형의 넓이 S는 다음과 같다.

$$S=\int_a^b |f(x)-g(x)|dx$$

<제시문2>

실수 e를 $e=\lim_{x\to 0}(1+x)^{\frac{1}{x}}$로 정의한다.

<제시문3>

함수 $f(x)$, $g(x)$에서 $\lim_{x\to a}f(x)=L$, $\lim_{x\to a}g(x)=M$ (L, M은 실수)일 때, a에 가까운 모든 실수 x에서 함수 $h(x)$가 $f(x)\le h(x)\le g(x)$이고 $L=M$이면 $\lim_{x\to a}h(x)=L$이다.

<제시문4>

곡선 $y=\frac{1}{x}$ (단, $x>0$), 직선 $x=1$, 직선 $y=\frac{1}{a}$로 둘러싸인 영역의 넓이를 $f(a)$라 한다. 직선 $x=1$, 직선 $x=a$, 직선 $y=\frac{1}{a}$, 직선 $y=0$으로 둘러싸인 영역의 넓이를 $g(a)$라 한다. 함수 h를 $h(a)=-f(a)-g(a)$라 정의한다. (단, $a>1$)

2-i

<제시문4>에서 정의된 $h(a)$를 a에 관한 식으로 표현하고 그 이유를 논하시오.

2-ii

<제시문4>에서 정의된 $h(a)$의 최솟값을 구하고, 그 이유를 논하시오.

2-iii

<제시문4>에서 정의된 $h(a)$에 대하여, 극한 $\lim_{a\to 1}\frac{h(a)}{a-1}$의 값을 구하고, 그 이유를 논하시오.
(단, 로피탈의 정리는 사용할 수 없음)

2-iv

<제시문4>에서 정의된 $h(a)$가 $a>1$에서 부등식 $h(a)<2\sqrt{a}$를 만족함을 보이고, 그 이유를 논하시오.

2-v

<제시문4>에서 정의된 $h(a)$에 대하여 극한 $\lim_{a\to\infty}\frac{h(a)}{a}$의 값을 구하고, 그 이유를 논하시오.
(단, 로피탈의 정리는 사용할 수 없음)

성균관대 자연계 2021학년도 수시논술 3교시

수학 1

〈제시문1〉

두 함수 $f(x)$, $g(x)$가 닫힌구간 $[a,\ b]$에서 연속일 때, 두 곡선 $y=f(x)$, $y=g(x)$ 및 두 직선 $x=a$, $x=b$로 둘러싸인 도형의 넓이 S는 다음과 같다.

$$S=\int_a^b |f(x)-g(x)|dx$$

〈제시문2〉

곡선 $E: y=-x^2+4$ (단, $x \geq 0$, $y \geq 0$)가 x축과 만나는 점을 P, y축과 만나는 점을 Q라고 하고, 곡선 E 및 x축과 y축으로 둘러싸인 도형을 D라고 하자. 또한 원점 O를 포함하는 선분 OP 위의 임의의 점을 A, 선분 OQ 위의 임의의 점을 B라고 하자.

1-i

<제시문2>의 두 점 A와 B를 지나고 도형 D의 넓이를 이등분하는 직선 중 원점 O와의 거리가 가장 가까운 직선 l_1과 가장 먼 직선 l_2의 방정식을 각각 구하고, 그 이유를 논하시오.

1-ii

1-i에서 구한 직선 l_1 위의 점 중에서 원점 O와의 거리가 최소인 점을 C_1, 1-i에서 구한 직선 l_2 위의 점 중에서 원점 O와의 거리가 최소인 점을 C_2라고 할 때, 삼각형 OC_1C_2의 넓이를 구하고, 그 이유를 논하시오.

1-iii

포물선 $y=-x^2+4$를 x축 방향으로 m만큼, y축 방향으로 n만큼 평행이동 하였더니 1-i에서 구한 직선 l_1과 l_2에 동시에 접하는 포물선 F를 얻게 되었다. 이때 상수 m, n의 값을 구하고, 그 이유를 논하시오.

1-iv

1-iii에서 구한 포물선 F 및 1-i에서 구한 직선 l_1과 l_2로 둘러싸인 도형의 넓이를 구하고, 그 이유를 논하시오.

수학 2

〈제시문1〉

(i) 두 함수 $f(x)$와 $g(x)$를 다음과 같이 정의하자.

$$f(x)=\begin{cases} 2x^2+4x+3 & (x \le 0) \\ \dfrac{1}{x}+2 & (x>0) \end{cases},\ g(x)=x+3$$

(ii) 두 함수 $y=f(x)$와 $y=g(x)$의 그래프를 좌표평면에 그렸을 때 나타나는 세 교점을 왼쪽부터 차례대로 Q_1, Q_2, Q_3이라고 하자.

(iii) 함수 $h(x)$를 $h(x)=\begin{cases} f(x) & (f(x)<g(x)) \\ g(x) & (f(x) \ge g(x)) \end{cases}$로 정의하자. 이때, $0<t<1$인 실수 t에 대하여 직선 $y=t(x+3)$과 곡선 $y=h(x)$의 교점의 개수를 t에 대한 함수 $k(t)$라 하자.

〈제시문2〉

(i) 양의 정수 n에 대하여 점 $(n,\ 0)$에서 곡선 $y=h(x)$에 그은 접선 위의 접점 중 제2사분면에 있는 점을 $\mathrm{P}_n(\alpha_n,\ \beta_n)$이라고 하고 이때의 접선을 l_n이라 하자.

(ii) 직선 l_n이 y축과 만나는 점을 T_n이라고 하고, 직선 l_n이 접점 P_n을 제외한 곡선 $y=h(x)$와 다시 만나는 점을 R_n이라고 하자.

(iii) 직선 l_n, y축, 곡선 $y=h(x)$로 둘러싸인 영역의 넓이를 S_n이라고 하자.

2-i

<제시문1>에서 세 교점 Q_1, Q_2, Q_3의 좌표를 모두 구하고, 그 이유를 논하시오.

2-ii

<제시문1>에서 함수 $y=h(x)$의 그래프의 개형을 그리고, $0<t<1$인 실수 t의 범위에 따른 함수 $k(t)$의 값을 표로 나타내고, 그 이유를 논하시오.

2-iii

<제시문2>에서 α_n, β_n을 각각 n에 대한 식으로 나타내고, $\lim\limits_{n\to\infty}\alpha_n$과 $\lim\limits_{n\to\infty}\beta_n$의 값을 구하고, 그 이유를 논하시오.

2-iv

<제시문2>에서 점 T_n의 y좌표, 점 R_n의 x좌표, 넓이 S_n을 각각 α_n, β_n에 대한 식으로 나타낸 후 $\lim\limits_{n\to\infty}S_n$을 구하고, 그 이유를 논하시오.

성균관대 자연계 2021학년도 모의논술

수학 1

〈제시문1〉

좌표평면 위의 두 점 $A(x_1,\ y_1)$, $B(x_2,\ y_2)$를 이은 선분 AB를 $m:n\ (m>0,\ n>0)$으로 내분하는 점의 좌표는 다음과 같다.

$$\left(\frac{mx_2+nx_1}{m+n},\ \frac{my_2+ny_1}{m+n}\right)$$

〈제시문2〉

두 초점 $F(c,\ 0)$, $F'(-c,\ 0)$으로부터 거리의 합이 $2a$인 타원의 방정식은

$$\frac{x^2}{a^2}+\frac{y^2}{b^2}=1\ (\text{단, } a>c>0,\ b^2=a^2-c^2)$$

〈제시문3〉

함수 $f(x)$가 닫힌구간 $[a,\ b]$에서 연속일 때, 곡선 $y=f(x)$와 x축 및 두 직선 $x=a$, $x=b$로 둘러싸인 도형의 넓이 S는

$$S=\int_a^b |f(x)|dx$$

〈제시문4〉

1. 두 점 $L_0(-3,\ 0)$, $R_0(3,\ 0)$으로 이루어진 선분 L_0R_0을 $1:2$로 내분하는 점을 L_1이라 하고 선분 L_0R_0을 $2:1$로 내분하는 점을 R_1이라 한다. 두 점 L_0, R_0을 지나고 두 점 L_1, R_1을 초점으로 가지는 타원을 타원 E_0이라 한다.
2. 선분 L_1R_1을 $1:2$로 내분하는 점을 L_2라 하고 선분 L_1R_1을 $2:1$로 내분하는 점을 R_2라 한다. 두 점 L_1, R_1을 지나고 두 점 L_2, R_2를 초점으로 가지는 타원을 타원 E_1이라 한다.
3. 선분 L_2R_2를 $1:2$로 내분하는 점을 L_3이라 하고 선분 L_2R_2를 $2:1$로 내분하는 점을 R_3이라 한다. 두 점 L_2, R_2를 지나고 두 점 L_3, R_3을 초점으로 가지는 타원을 타원 E_2라 한다.
4. 이와 같은 방법으로 한없이 타원 E_0, E_1, E_2, E_3, $\cdots$을 만든다.

〈제시문5〉

타원 E_n의 넓이를 S_n이라 한다. $(n=0,\ 1,\ 2,\ 3<\ \cdots)$

1-i

타원 E_0, E_1, E_2, E_3의 방정식을 찾고 그 이유를 논하시오.

1-ii

<제시문3>을 활용하여 S_0, S_1, S_2, S_3의 값을 구하고, 그 이유를 논하시오.

1-iii

급수 $\sum_{n=0}^{\infty} S_n$의 값을 구하고, 그 이유를 논하시오.

수학 2

〈제시문1〉

중심의 좌표가 $(a,\ b)$이고, 반지름의 길이가 r인 원의 방정식은

$$(x-a)^2+(y-b)^2=r^2.$$

〈제시문2〉

원점 $(0,\ 0)$을 중심으로 하고 반지름이 2인 원의 방정식을 원 C라 한다.

〈제시문3〉

좌표평면에서 x축 위의 점 $\mathrm{P}(1,\ 0)$을 지나는 직선을 직선 l이라 하자.

직선 l이 원 C와 서로 다른 두 점에서 만난다고 할 때 이 두 점을 각각 P_1, P_2라 한다.

2-i

두 선분의 길이의 곱 $\overline{\mathrm{PP}_1}\times\overline{\mathrm{PP}_2}$가 직선 l의 기울기에 관계없이 일정함을 보이고 그 이유를 논하시오.

2-ii

$\overline{\mathrm{PP}_1}^2+\overline{\mathrm{PP}_2}^2$의 최솟값을 구하고, 그 이유를 논하시오.

2-iii

$\overline{\mathrm{PP}_1}^2+\overline{\mathrm{PP}_2}^2$의 최댓값을 구하고, 그 이유를 논하시오.

예시답안

■ 성균관대 자연계 2025학년도 모의논술

1–i

[착상]

① 세 수가 등차수열을 이룰 때 흔히 세 수를 $a-d,\ a,\ a+d$라 둔다. 대개의 경우 그 수열의 합이나 거듭제곱의 합, 곱에 관한 조건이 주어지는데, 이와 같이 설정하면 조건으로부터 a를 바로 구할 수 있거나 간단한 관계식을 얻을 수 있기 때문이다.

② $a_1+a_2=p,\ a_1+a_3=q,\ a_2+a_3=r$이면 세 식의 양변을 변끼리 더하여 계산하면 간단하다. 주어진 식의 좌변들이 순환하는 구조이기 때문이다.

[풀이]

$S=\{a_1,\ a_2,\ a_3\}$ (단, $a_1,\ a_2,\ a_3$은 $a_1<a_2<a_3$인 자연수)라 하자. 이때,

$$a_1+a_2<a_1+a_3<a_2+a_3$$

이므로 $a_1+a_2,\ a_1+a_3,\ a_2+a_3$가 첫째항이 $a-d$, 공차가 d인 등차수열을 이룬다면

$$(a-d)+a+(a+d)=600 \Leftrightarrow a=200$$

이다. 이를 대입하면

$$a_1+a_2=200-d,\ a_1+a_3=200,\ a_2+a_3=200+d \qquad \cdots ①$$

이고, 세 식의 양변을 변끼리 더하여 정리하면

$$2(a_1+a_2+a_3)=600 \Leftrightarrow a_1+a_2+a_3=300 \qquad \cdots ②$$

이다. ①, ②로부터

$$a_1=100-d,\ a_2=100,\ a_3=100+d$$

이다. d는 양의 정수이고, a_1도 양의 정수이므로 $d=1,\ 2,\ \cdots,\ 99$이다.

따라서, 구하는 집합 S의 개수는 99이다.

1-ii

[착상]

① 6개의 수가 등차수열을 이룰 때 흔히 6개의 수를 $a-5d$, $a-3d$, $a-d$, $a+d$, $a+3d$, $a+5d$라 둔다.

② $S=\{a_1, a_2, a_3, a_4\}$ (단, $a_1 < a_2 < a_3 < a_4$)라 하면 다음 두 부등식이 성립한다.

$$a_1+a_2 < a_1+a_3 < a_1+a_4 < a_2+a_4 < a_3+a_4$$

$$a_1+a_2 < a_1+a_3 < a_2+a_3 < a_2+a_4 < a_3+a_4$$

따라서, a_1+a_4와 a_2+a_3의 대소관계에 따라 나누어 생각하여야 한다.

[풀이]

$n=4$일 때 집합 S에서 뽑은 두 수의 합은 모두 ${}_4C_2=6$가지이다. 이들의 합에는 S의 원소들이 각각 3번씩 중복되어 더해져 있다. 따라서, 이들 6개 항의 합이 2025이므로 S의 원소의 합은 $\frac{2025}{3}=675$이다.

집합 $S=\{a_1, a_2, a_3, a_4\}$ (단, a_1, a_2, a_3, a_4는 $a_1 < a_2 < a_3 < a_4$인 자연수)라 하면 집합 S에서 뽑은 두 수의 합은

$$a_1+a_2,\ a_1+a_3,\ a_1+a_4,\ a_2+a_3,\ a_2+a_4,\ a_3+a_4$$

이다. 여기서,

$$a_1+a_2 < a_1+a_3 < a_1+a_4 < a_2+a_4 < a_3+a_4$$

이고,

$$a_1+a_2 < a_1+a_3 < a_2+a_3 < a_2+a_4 < a_3+a_4$$

이다. a_1+a_4와 a_2+a_3의 대소관계에 따라 나누어 생각하자.

i) $a_1+a_4 < a_2+a_3$일 때

$$a_1+a_2 < a_1+a_3 < a_1+a_4 < a_2+a_3 < a_2+a_4 < a_3+a_4$$

이고, 이들이 등차수열을 이루므로 이들 항의 값들은 a_1+a_4와 a_2+a_3의 중점에 관하여 대칭이다.

$$\frac{(a_1+a_4)+(a_2+a_3)}{2}=\frac{675}{2}$$

이므로 공차를 $2d$ (단, $d>0$)라 하면

$$a_1+a_2=\frac{675}{2}-5d,\ a_1+a_3=\frac{675}{2}-3d,\ a_1+a_4=\frac{675}{2}-d$$

$$a_2+a_3=\frac{675}{2}+d,\ a_2+a_4=\frac{675}{2}+3d,\ a_3+a_4=\frac{675}{2}+5d$$

이다. 따라서,

$$a_2-a_1=(a_2+a_3)-(a_1+a_3)=4d,$$

$$a_3-a_2=(a_1+a_3)-(a_1+a_2)=2d,$$

$$a_4-a_3=(a_1+a_4)-(a_1+a_3)=2d$$

이고, $2d$는 정수이며, S의 네 원소는

$$a_1,\ a_1+4d,\ a_1+6d,\ a_1+8d$$

로 나타낼 수 있다. 모두 더하면

$$4a_1+18d=675 \Leftrightarrow a_1=\frac{675-18d}{4}=\frac{9(75-2d)}{4}$$

이다. $0<2d<75$이고, $75-2d$는 4의 배수이므로 $2d=3, 7, \cdots, 71$이다. d가 달라질 때마다 S도

달라지므로 이 경우에서 S의 개수는 $\frac{71-3}{4}+1=18$이다.

ii) $a_2+a_3<a_1+a_4$일 때

$$a_1+a_2<a_1+a_3<a_2+a_3<a_1+a_4<a_2+a_4<a_3+a_4$$

이고, 이들이 등차수열을 이루므로 이들 항의 값들은 a_2+a_3와 a_1+a_4의 중점에 관하여 대칭이다.

$$\frac{(a_2+a_3)+(a_1+a_4)}{2}=\frac{675}{2}$$

이므로 공차를 $2d'$ (단, $d'>0$)라 하면

$$a_1+a_2=\frac{675}{2}-5d',\ a_1+a_3=\frac{675}{2}-3d',\ a_2+a_3=\frac{675}{2}-d'$$

$$a_1+a_4=\frac{675}{2}+d',\ a_2+a_4=\frac{675}{2}+3d',\ a_3+a_4=\frac{675}{2}+5d'$$

이다. 따라서,

$$a_2-a_1=(a_2+a_3)-(a_1+a_3)=2d',$$

$$a_3-a_2=(a_1+a_3)-(a_1+a_2)=2d',$$

$$a_4-a_3=(a_1+a_4)-(a_1+a_3)=4d'$$

이고, $2d'$는 정수이며, S의 네 원소는

$$a_1,\ a_1+2d',\ a_1+4d',\ a_1+8d'$$

로 나타낼 수 있다. 모두 더하면

$$4a_1+14d'=675 \Leftrightarrow a_1=\frac{675-14d'}{4}=168-4d'+\frac{3+2d'}{4}$$

이다. $0<14d'<675 \Leftrightarrow 1\le 2d'\le 96$이고, $3+2d'$는 4의 배수이므로 $2d'=1,\ 5,\ \cdots,\ 93$이다.

d'가 달라질 때마다 S도 달라지므로 이 경우에서 S의 개수는 $\frac{93-1}{4}+1=24$이다.

이상에서 구하는 S의 개수는 $18+24=42$이다.

1-iii

[착상]

① $S=\{a_1,\ a_2,\ \cdots,\ a_n\}$ $(a_1<a_2<\cdots<a_n)$이면

$$a_1+a_2<a_1+a_3<\cdots<a_{n-2}+a_n<a_{n-1}+a_n$$

이다.

② 상식적으로 생각해도 S의 임의의 두 원소의 합의 개수는 ${}_nC_2=\dfrac{n(n-1)}{2}$개이므로 원소의 개수 n보다 매우 크다. 방정식이 미지수의 개수보다 많으면 특수한 상황이 아닌 한 해를 가지기 힘들다. 따라서, 두 원소의 합에는 중복되는 것이 존재할 가능성이 매우 크다.

③ S의 두 원소의 합으로 만든 수열에서 제3항은 a_1+a_4 또는 a_2+a_3이다. 두 가지 경우를 나누어 따진다.

④ 공차는 서로 같으므로

$$(a_1+a_3)-(a_1+a_2)=(a_n+a_{n-1})-(a_n+a_{n-2})$$

에서 $a_3+a_{n-2}=a_2+a_{n-1}$을 얻는다. 두 수의 합이 중복된 것이다. 이 식은 $n\geq 6$일 때 의미를 지니고, 이때 주어진 조건은 만족시킬 수 없음을 의미한다. 이 사실을 밝히면 추가로 $n=5$일 때 주어진 조건을 만족시킬 수 없음을 보이면 된다.

[풀이]

집합 $S=\{a_1,\ a_2,\ \cdots,\ a_n\}$ (단, $n\geq 5$, $a_1, a_2, \cdots, a_n$은 $a_1<a_2<\cdots<a_n$인 자연수)라 하고 집합 S에서 뽑은 두 수의 합을 작은 것부터 차례로 나열한 등차수열을 $b_1,\ b_2,\ \cdots,\ b_m$이라 하자. 이때,

$$m={}_nC_2=\frac{n(n-1)}{2}\geq 10$$

이다.

명백히 $b_1=a_1+a_2,\ b_2=a_1+a_3$이다.

i) $b_3=a_2+a_3$일 때

$b_1,\ b_2,\ b_3$의 공차가 서로 같으므로

$$b_2-b_1=b_3-b_2 \Leftrightarrow a_3-a_2=a_2-a_1 \Leftrightarrow 2a_2=a_1+a_3$$

이고, $a_1,\ a_2,\ a_3$은 등차수열을 이룬다.

$$a_1=a,\ a_2=a+d,\ a_3=a+2d \text{ (단, } a,\ d\text{는 자연수)}$$

라 하면

$$b_1=2a+d,\ b_2=2a+2d,\ b_3=2a+3d$$

이고 등차수열 $b_1,\ b_2,\ \cdots,\ b_m$의 공차는 d이다. 오른쪽의 표를 참고하면 $b_1,\ b_2,\ b_3$을 제외한 남은 수 가운데 최소인 수는 a_1+a_4이므로

a_1+a_2	a_1+a_3	a_1+a_4	a_1+a_5	a_1+a_6	$\cdots$
	a_2+a_3	a_2+a_4	a_2+a_5	a_2+a_6	$\cdots$
		a_3+a_4	a_3+a_5	a_3+a_6	$\cdots$
			a_4+a_5	a_4+a_6	$\cdots$
				a_5+a_6	$\cdots$
					$\cdots$

$$b_4=2a+4d=a_1+(a+4d)$$

에서 $a_4=a+4d$이다.

$$b_5=2a+5d=(a+d)+(a+4d)=a_2+a_4$$

$$b_6=2a+6d=(a+2d)+(a+4d)=a_3+a_4$$

이므로 남은 수 가운데 최소인 수는 a_1+a_5이다.

$b_7=2a+7d=a_1+(a+7d)$에서 $a_5=a+7d$다.

$a_2+a_5=(a+d)+(a+7d)=2a+8d=b_8$,

$a_3 + a_5 = (a + 2d) + (a + 7d) = 2a + 9d = b_9$,

$a_4 + a_5 = (a + 4d) + (a + 7d) = 2a + 11d = b_{11}$

이므로 남은 수 중에 최소인 수 $a_1 + a_6 = b_{10}$이 되어야 하고, $a_6 = a + 10d$이다. 이를 대입하면

$a_2 + a_6 = (a + d) + (a + 10d) = 2a + 11d = b_{11}$

이 되어 $a_4 + a_5$와 중복된다. 따라서, 주어진 조건을 만족시키는 a_6은 존재하지 않는다. 이때, 남은 수 중 최대인 수 $b_{11} = a_4 + a_5$는 두 번째로 큰 수 $b_9 = a_3 + a_5$에 이어지는 등차수열의 항이 아니므로 주어진 조건을 만족시키는 a_5도 존재할 수 없다.

따라서, $b_3 = a_2 + a_3$일 때 $n \geq 5$이고 주어진 조건을 만족하는 집합 S는 존재하지 않는다.

ii) $b_3 = a_1 + a_4$일 때

$b_1 = a_1 + a_2$, $b_2 = a_1 + a_3$, $b_3 = a_1 + a_4$가 등차수열을 이루므로 a_2, a_3, a_4도 등차수열을 이룬다.

i)의 결과를 이용하면 중복에 의해 a_7, a_6이 존재할 수 없고, 남은 수들은 오른쪽 표와 같다.

$a_1 + a_2$	$a_1 + a_3$	$a_1 + a_4$	$a_1 + a_5$
	$a_2 + a_3$	$a_2 + a_4$	$a_2 + a_5$
		$a_3 + a_4$	$a_3 + a_5$
			$a_4 + a_5$

$a_2 = p$, $a_3 = p + q$, $a_4 = p + 2q$ (단, p, q는 자연수)

라 하면

$b_1 = a_1 + p$, $b_2 = a_1 + p + q$, $b_3 = a_1 + p + 2q$

이므로 등차수열 b_1, b_2, $\cdots$, b_{10}은 공차가 q이고,

$b_4 = a_1 + p + 3q$

이다.

ⓐ $b_4 = a_1 + a_5$일 때

$a_5 = p + 3q$이고

$a_2 = p$, $a_3 = p + q$, $a_4 = p + 2q$, $a_5 = p + 3q$

이므로 $a_2 + a_5 = a_3 + a_4 = 2p + 3q$가 되어 중복된다.

ⓑ $b_4 = a_2 + a_3$일 때

$a_1 + p + 3q = p + (p + q) \Leftrightarrow a_1 = p - 2q$

이다. 이때,

$a_1 = p - 2q$, $a_2 = p$, $a_3 = p + q$, $a_4 = p + 2q$

이고,

$a_1 + a_2 = 2p - 2q$, $a_1 + a_3 = 2p - q$, $a_1 + a_4 = 2p$,

$a_2 + a_3 = 2p + q$, $a_2 + a_4 = 2p + 2q$,

$a_3 + a_4 = 2p + 3q$

이므로 이 6개 항이 차례로 공차가 q인 등차수열 b_1, b_2, $\cdots$, b_6을 이룬다.

남은 4개 항 중 최소인 것은 $a_1 + a_5$이므로

$b_7 = 2p + 4q = a_1 + a_5 \Leftrightarrow 2p + 4q = (p - 2q) + a_5 \Leftrightarrow a_5 = p + 6q$

이다. 이때,

$b_8 = a_2 + a_5 = p + (p + 6q) = 2p + 6q$

이므로 b_1, b_2, $\cdots$, b_6, b_7을 잇는 등차수열의 항이 되지 못한다.

따라서, $b_3 = a_1 + a_4$일 때 $n \geq 5$이고 주어진 조건을 만족하는 집합 S는 존재하지 않는다.

이상에서 $n \geq 5$일 때 주어진 조건을 만족하는 집합 S는 존재하지 않는다.

[다른 풀이]

집합 S의 서로 다른 두 원소를 더한 수를 작은 것부터 차례로 나열하면

$a_1+a_2,\ a_1+a_3,\ \cdots,\ a_{n-2}+a_n,\ a_{n-1}+a_n$

이다. 여기에 적힌 항들이 서로 중복되지 않으려면 $n \ge 6$이어야 한다. 이때, 공차는 일정하므로

$(a_1+a_3)-(a_1+a_2)=(a_n+a_{n-1})-(a_n+a_{n-2})$

$\Leftrightarrow\ a_3-a_2=a_{n-1}-a_{n-2}$

$\Leftrightarrow\ a_3+a_{n-2}=a_2+a_{n-1}$

가 성립한다. 그런데, 이는 중복이므로 주어진 조건에 어긋난다.

$n=5$일 때,

$S=\{a_1,\ a_2,\ \cdots,\ a_5\}$ (단, $a_1,\ a_2,\ \cdots,\ a_5$는 $a_1<a_2<\cdots<a_5$인 자연수)

라 하자. 집합 S에서 뽑은 두 수의 합이 모두 서로 다르고, 이들을 작은 것부터 차례로 나열한 수열

$a_1+a_2,\ a_1+a_3,\ \cdots,\ a_3+a_5,\ a_4+a_5$ $\cdots$ ①

가 등차수열을 이룬다고 가정하자. 이 수열의 항수는 ${}_5\mathrm{C}_2=10$이고, 공차가 서로 같으므로

$(a_1+a_3)-(a_1+a_2)=(a_4+a_5)-(a_3+a_5)$

$\Leftrightarrow\ a_3-a_2=a_4-a_3$ $\cdots$ ②

이다.

①의 모든 항의 합에는 S의 원소가 각각 4개씩 더해진다. 또, ①은 첫째항이 a_1+a_2, 끝항이 a_4+a_5, 항수가 10인 등차수열의 합이므로

$$4(a_1+a_2+a_3+a_4+a_5)=\frac{10\{(a_1+a_2)+(a_4+a_5)\}}{2}$$

$\Leftrightarrow\ 4a_3=a_1+a_2+a_4+a_5$ $\cdots$ ③

이다.

a_4+a_5는 첫째항이 a_1+a_2, 공차가 a_3-a_2인 등차수열의 제10항이므로

$a_4+a_5=(a_1+a_2)+9(a_3-a_2)=a_1-8a_2+9a_3$ $\cdots$ ④

이다. ④를 ③에 대입하면

$4a_3=a_1+a_2+(a_1-8a_2+9a_3)\ \Leftrightarrow\ 2a_1-7a_2+5a_3=0\ \Leftrightarrow\ 5(a_3-a_2)=2(a_2-a_1)$

이고, 2와 5는 서로소이므로

$a_2-a_1=5m,\ a_3-a_2=2m$ (단, m은 자연수)

$\Leftrightarrow\ a_2=a_1+5m,\ a_3=a_2+2m=a_1+7m$

이다. ②에서

$a_4=2a_3-a_2=2(a_1+7m)-(a_1+5m)=a_1+9m$

이고, ④에서

$a_5=a_1-8a_2+9a_3-a_4=a_1-8(a_1+5m)+9(a_1+7m)-(a_1+9m)=a_1+14m$

이다. 이때, $a_1,\ a_2,\ \cdots,\ a_5$를 차례로 나열하면

$a_1,\ a_1+5m,\ a_1+7m,\ a_1+9m,\ a_1+14m$

이고,

$a_1+a_5=a_2+a_4=2a_1+14m$

이므로 같은 수가 중복되어 주어진 조건에 어긋난다.

이상에서 $n \ge 5$일 때 주어진 조건을 만족하는 집합 S는 존재하지 않는다.

2–i

[착상]

① 이차식에서 x^2의 계수가 미지수로 주어질 때는 주의해야 한다.

② $ax^2+bx+c=0$이 서로 다른 두 실근을 가지면 x^2의 계수 $a \neq 0$이고 판별식 $D=b^2-4ac>0$이다.

③ y축과 만나지 않는 직선은 y축과 평행하다.

[풀이]

이차곡선 $y=\left(\frac{1-k^2}{2}\right)x^2$과 직선 $y=kx+1$의 두 교점 $\mathrm{P}_1(x_1,\ y_1)$, $\mathrm{P}_1(x_2,\ y_2)$의 중점과 점 $\mathrm{Q}(2,\ 0)$을 잇는 직선이 y축과 만나지 않으려면 두 점 P_1, P_2의 중점의 x좌표가 2여야 한다.

두 식을 연립하면

$$\left(\frac{1-k^2}{2}\right)x^2=kx+1 \Leftrightarrow \left(\frac{1-k^2}{2}\right)x^2-kx-1=0$$

이고, 이 방정식이 서로 다른 두 실근을 가져야 하므로

$$k \neq \pm 1,\ D=k^2+2(1-k^2)=-k^2+2>0$$

$$\Leftrightarrow k^2<2\ (\text{단, } k^2 \neq 1) \qquad \cdots ①$$

을 만족하여야 한다.

한편, 근과 계수의 관계에 의해

$$x_1+x_2=\frac{k}{\frac{1-k^2}{2}}=\frac{2k}{1-k^2}$$

이므로

$$\frac{x_1+x_2}{2}=\frac{k}{1-k^2}=2 \Leftrightarrow 2k^2+k-2=0$$

에서 $k=\frac{-1\pm\sqrt{17}}{4}$이다. 이때,

$$k^2=\frac{18\pm2\sqrt{17}}{16}=\frac{18\pm\sqrt{68}}{16}<2$$

이므로 ①을 만족시킨다.

따라서, 구하는 $k=\frac{-1\pm\sqrt{17}}{4}$이다.

2-ii

[착상]

① 문제의 수학적 난이도는 낮으나 따져야 할 조건들이 매우 복잡하여 매끄럽게 서술하기가 어렵다. 서로 다른 두 실근에 관한 조건은 서로 다른 두 양근에 관한 조건에 포함되므로 별도로 다룰 필요가 없다.

② 2-i에서 얻은 식이나 결과를 끌어 쓰면 보다 간결하게 서술할 수 있다.

③ 이차방정식이 서로 다른 두 양근 α, β를 가질 조건은 $\alpha+\beta>0$, $\alpha\beta>0$, $D>0$이다. 이때, 이차방정식의 x^2의 계수를 1로 만들어 생각하는 것이 편리하다.

④ y축과 만나는 직선은 y축과 평행하지 않다.

[풀이]

$0<x_1<x_2$이므로 2-i의 풀이에서 얻은 이차방정식

$$\left(\frac{1-k^2}{2}\right)x^2-kx-1=0 \iff x^2-\frac{2k}{1-k^2}x-\frac{2}{1-k^2}=0 \qquad \cdots ①$$

은 서로 다른 두 양근을 가져야 한다. 따라서,

$$k\neq\pm1,\ D>0 \iff k^2<2,\ x_1+x_2=\frac{2k}{1-k^2}>0,\ x_1x_2=-\frac{2}{1-k^2}>0$$

이고, 이 4개의 연립부등식의 해는 $-\sqrt{2}<k<-1$이다. 이때, $\cdots ②$

$$\frac{x_1+x_2}{2}=\frac{k}{1-k^2}\neq 2 \iff k\neq\frac{-1\pm\sqrt{17}}{4}$$

을 만족시키므로 두 점 P_1, P_2의 중점과 점 $Q(2,\ 0)$을 잇는 직선은 y축과 평행하지 않고, 서로 만난다.

두 점 P_1, P_2의 중점의 좌표는 $\left(\frac{k}{1-k^2},\ \frac{1}{1-k^2}\right)$이고, 이 점과 점 $Q(2,\ 0)$을 잇는 직선의 방정식은

$$y=\frac{\frac{1}{1-k^2}}{2-\frac{k}{1-k^2}}(x-2)=\frac{1}{2-2k^2-k}(x-2)$$

이다. 따라서, 이 직선과 y축의 교점의 y좌표는

$$c=\frac{-2}{2-2k^2-k}=\frac{1}{k^2+\frac{1}{2}k-1}=\frac{1}{\left(k+\frac{1}{4}\right)^2-\frac{17}{16}} \qquad \cdots ③$$

이다. ②의 범위에서

$$-\frac{1}{2}<\left(k+\frac{1}{4}\right)^2-\frac{17}{16}<1-\frac{\sqrt{2}}{2}$$

이므로 $c<-2$ 또는 $c>\frac{1}{1-\frac{\sqrt{2}}{2}}=2+\sqrt{2}$이다.

따라서, 교점 $R(0,\ c)$가 될 수 없는 점들의 집합이 이루는 선분의 길이는

$(2+\sqrt{2})+2=4+\sqrt{2}$

이다.

2-iii

[착상]

① 문제의 수학적 난이도는 높지 않으나 계산량이 상당히 많으며 요령껏 서술해야 간결하게 다룰 수 있다.

② 넓이에 관한 문제이므로 그림을 그려놓고 중간 계산 결과를 그림에 써넣으면 설명하는 것이 혼동이 적고 빠르다.

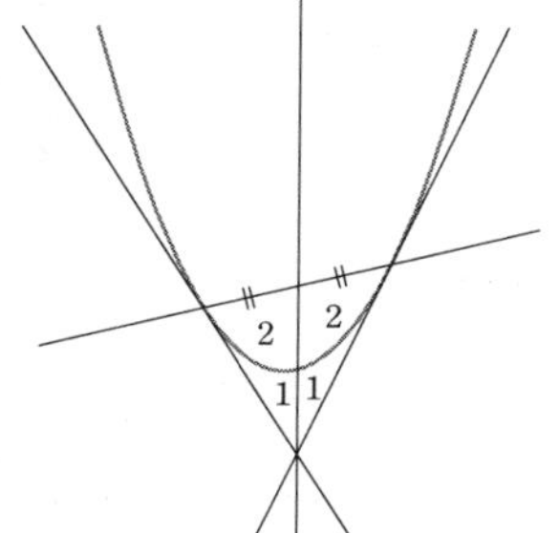

③ 세 점의 좌표가 주어진 삼각형의 넓이는 여러 가지 방법으로 다룰 수 있다. 여기서는 한 꼭짓점에서 좌표축과 평행한 직선을 그어 두 삼각형으로 분할하여 분할된 두 삼각형의 넓이의 합으로 구하였다.

④ $\displaystyle\int_a^b (x-a)(x-b)dx = -\frac{(b-a)^3}{6}$

⑤ 포물선과 그 할선 및 접선에 의해 둘러싸인 부분의 넓이에 대하여 오른쪽 그림과 같은 일반적인 비례관계가 성립한다. (단, 세로선은 축과 평행하다.)

[풀이]

두 곡선이 $x<0$에서 서로 접할 때, 2-ii의 풀이에서

$$D=0 \iff k^2=2,\ x_1+x_2=\frac{2k}{1-k^2}<0$$

이므로 $k=\sqrt{2}$이다. 따라서, 주어진 이차곡선은 $y=-\frac{1}{2}x^2$, 직선은 $y=\sqrt{2}x+1$이고, 접점의 x좌표는

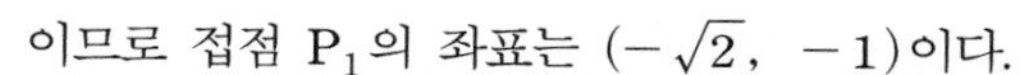

$$-\frac{1}{2}x^2=\sqrt{2}x+1 \iff x^2+2\sqrt{2}x+2=0 \iff x=-\sqrt{2}$$

이므로 접점 P_1의 좌표는 $(-\sqrt{2},\ -1)$이다.

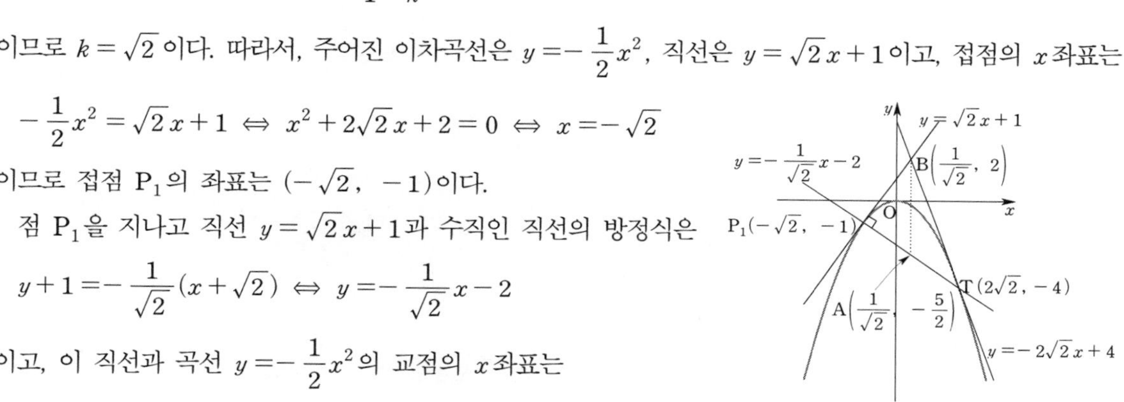

점 P_1을 지나고 직선 $y=\sqrt{2}x+1$과 수직인 직선의 방정식은

$$y+1=-\frac{1}{\sqrt{2}}(x+\sqrt{2}) \iff y=-\frac{1}{\sqrt{2}}x-2$$

이고, 이 직선과 곡선 $y=-\frac{1}{2}x^2$의 교점의 x좌표는

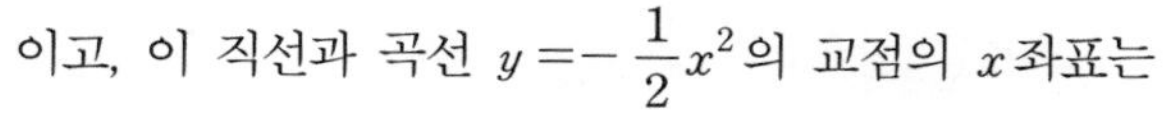

$$-\frac{1}{2}x^2=-\frac{1}{\sqrt{2}}x-2 \iff x^2-\sqrt{2}x-4=0 \iff (x+\sqrt{2})(x-2\sqrt{2})=0$$

이므로 점 P_1이 아닌 교점의 좌표는 $T(2\sqrt{2},\ -4)$이다.

$y=-\frac{1}{2}x^2$에서 $y'=-x$이므로 점 T에서 $y=-\frac{1}{2}x^2$에 접하는 직선의 방정식은

$$y+4=-2\sqrt{2}(x-2\sqrt{2}) \iff y=-2\sqrt{2}x+4$$

이다.

두 직선 $y=\sqrt{2}x+1$와 $y=-2\sqrt{2}x+4$의 교점의 좌표는 $B\left(\frac{1}{\sqrt{2}},\ 2\right)$이다.

점 B에서 y축과 평행한 직선을 그어 직선 P_1T와 만나는 점을 $A\left(\frac{1}{\sqrt{2}},\ -\frac{5}{2}\right)$라 하면

$$\begin{aligned}\Delta P_1TB &= \Delta P_1AB+\Delta TAB \\ &= \frac{1}{2}\left(2+\frac{5}{2}\right)(2\sqrt{2}+\sqrt{2})=\frac{27\sqrt{2}}{4}\end{aligned}$$

이다.

곡선 $y=-\frac{1}{2}x^2$과 직선 $\mathrm{P_1T}: y=-\frac{1}{\sqrt{2}}x-2$가 이루는 도형의 넓이는

$$\int_{-\sqrt{2}}^{2\sqrt{2}}\left\{-\frac{1}{2}x^2-\left(-\frac{1}{\sqrt{2}}x-2\right)\right\}dx$$

$$=-\frac{1}{2}\int_{-\sqrt{2}}^{2\sqrt{2}}(x+\sqrt{2})(x-2\sqrt{2})dx$$

$$=\frac{1}{2}\cdot\frac{(3\sqrt{2})^3}{6}=\frac{9\sqrt{2}}{2}$$

이다.

따라서, 삼각형 $\mathrm{P_1TB}$가 $y=-\frac{1}{2}x^2$에 의해 아래 위로 나뉘어진 두 부분의 넓이의 비는

$$\frac{9\sqrt{2}}{2}:\frac{27\sqrt{2}}{4}-\frac{9\sqrt{2}}{2}=18:9=2:1$$

이다.

3–i

[착상]

① 도형과 관련된 문제이므로 그림을 그려서 생각하는 것이 착상력이 좋고 풀이도 간결해질 수 있다.

② 원 C_a의 중심 $\left(a,\ \dfrac{a^2}{\sqrt{3}}\right)$을 그 자취 위에서 움직여보면 a가 증가할 때 교점의 존재, 개수, 그 x좌표의 증감을 관찰할 수 있다.

③ 선분 AB가 x축 위에 있으므로 원 C_a의 방정식에 $y=0$을 대입하여 교점이 선분 AB 위에 놓이는지 생각해볼 수도 있다.

[풀이]

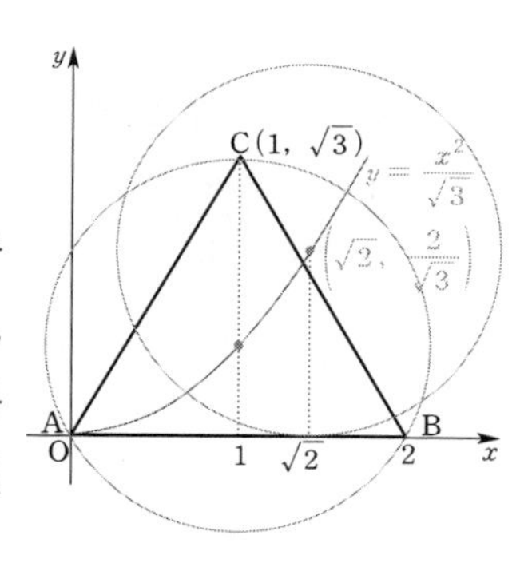

$f_1(a) \geq 1$이므로 원 C_a와 선분 AB가 만나기 위한 조건을 구하면 된다.

원 C_a의 중심 $\left(a,\ \dfrac{a^2}{\sqrt{3}}\right)$ (단, $a \geq 1$)의 자취는 곡선 $y=\dfrac{x^2}{\sqrt{3}}$ (단, $x \geq 1$)이다. 오른쪽 그림에서 a가 증가함에 따라 원 C_a와 x축과의 교점 중 왼쪽 교점의 x좌표도 증가한다. $a=1$이면 원 C_a는 선분 AB와 두 점 A, B에서 만나고, $a=\sqrt{2}$이면 원 C_a는 선분 AB와 접한다. 따라서, 원 C_a가 선분 AB와 만나기 위한 a의 값의 범위는 $1 \leq a \leq \sqrt{2}$이고, $a > \sqrt{2}$이면 원 C_a는 선분 AB와 만나지 않는다.

[다른 풀이]

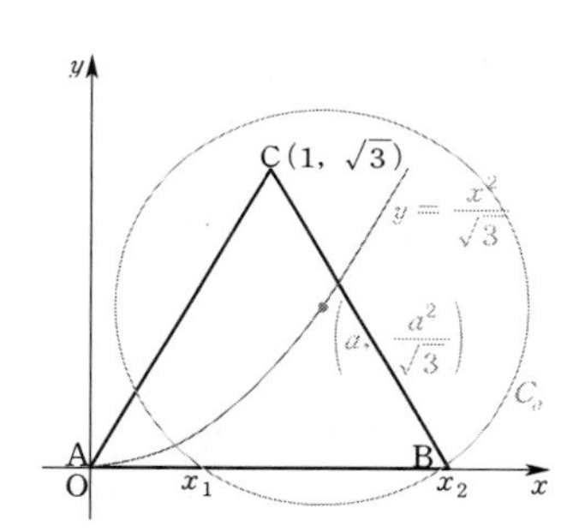

원 C_a의 방정식은

$$(x-a)^2+\left(y-\frac{a^2}{\sqrt{3}}\right)^2=\frac{4}{3}$$

이고, x축과의 교점의 x좌표는

$$(x-a)^2+\frac{a^4}{3}=\frac{4}{3} \iff x=a\pm\sqrt{\frac{4-a^4}{3}} \quad (\text{단, } 1 \leq a \leq \sqrt{2})$$

이다.

$x_1=a-\sqrt{\dfrac{4-a^4}{3}}$ 이라 하면

$$\frac{dx_1}{da}=1-\frac{1}{\sqrt{3}}\cdot\frac{-4a^3}{2\sqrt{4-a^4}}=1+\frac{2}{\sqrt{3}}\cdot\frac{a^3}{\sqrt{4-a^4}}>0$$

이므로 a가 1에서 $\sqrt{2}$까지 증가할 때 x_1은 0에서 $\sqrt{2}$까지 증가한다.

따라서, 원 C_a는 선분 AB와 적어도 한 점에서 만나므로 항상 $f_1(a) \geq 1$이고, 구하는 a의 범위는 $1 \leq a \leq \sqrt{2}$이다.

3-ii

[착상]

① 3-i의 풀이를 이용한다.

② 문제의 뜻을 잘 이해해야 한다. $a=1$일 때 C_a는 점 A, B를 지난다. 따라서, $f_1(1)=2$이다. 그런데, "$f_1(a)=2$인 1보다 큰 a의 값들 중에서 가장 작은 값을 m"이라는 표현은 무슨 뜻일까? 이는 a가 1에서 증가하기 시작한 직후 $f_1(a)=1$이 되고, 이후 $f_1(a)=1$이 지속되다가 $a=m$이 되면서 다시 $f_1(a)=2$가 된다는 뜻이다.

③ 원 C_a와 x축과의 교점의 x좌표 중 큰 쪽의 값의 변화를 따져봐야 한다.

[풀이]

3-i의 풀이에서 원 C_a와 x축과의 교점의 x좌표는 $x=a\pm\sqrt{\dfrac{4-a^4}{3}}$ (단, $1\le a\le\sqrt{2}$)이다.

$x_1=a-\sqrt{\dfrac{4-a^4}{3}}$, $x_2=a+\sqrt{\dfrac{4-a^4}{3}}$ 이라 하면 3-i의 풀이에서 항상 $0\le x_1\le\sqrt{2}$ 이다.

$$\frac{dx_2}{da}=1+\frac{1}{\sqrt{3}}\cdot\frac{-4a^3}{2\sqrt{4-a^4}}=1-\frac{2}{\sqrt{3}}\cdot\frac{a^3}{\sqrt{4-a^4}}=\frac{\sqrt{3}\sqrt{4-a^4}-2a^3}{\sqrt{3}\sqrt{4-a^4}}$$

이고, $\dfrac{dx_2}{da}=0$일 때

$$3(4-a^2)=4a^6 \iff 4a^6+3a^2-12=0$$

이다. 좌변을 $g(a)$라 하면 $1<a<\sqrt{2}$일 때 $g(a)$는 증가하고

$$g(1)=-5<0,\ g(\sqrt{2})=32+6-12>0$$

이므로 $1\le a\le\sqrt{2}$일 때 $g(a)=0$인 a는 단 하나 존재하고, 이때 $\dfrac{dx_2}{da}$의 부호는 양에서 음으로 바뀌므로 x_2는 극대이자 최대가 된다. 따라서, a가 1에서 $\sqrt{2}$로 증가함에 따라 x_2는 2에서 증가하여 극댓값에 도달한 뒤 2를 거쳐 $\sqrt{2}$까지 감소한다. 따라서, $f_1(a)=2$가 될 때 $m\le a<\sqrt{2}$이다.

$a=m$일 때 $x_2=2$이므로

$$m+\sqrt{\frac{4-m^4}{3}}=2 \iff \frac{4-m^4}{3}=(2-m)^2 \iff m^4+3m^2-12m+8=0$$

$$\iff (m-1)(m^3+m^2+4m-8)=0$$

이고, $1<m<\sqrt{2}$이므로 구하는 삼차방정식은 $m^3+m^2+4m-8=0$이다.

3-iii

[착상]

① 도형문제이므로 그림을 그려서 생각하는 것이 착상이 빠르고, 논리가 명확하며 계산도 단순하다.

② 원 C_a가 선분 AC 위의 한 점 D를 지난다고 하면 점 D가 중심이고 같은 반지름을 갖는 원이 원 C_a의 중심을 지난다고 생각할 수도 있다.

③ 선분 AC 위의 한 점을 중심으로 하고 반지름이 원 C_a와 같은 원이 원 C_a의 자취인 곡선 $y=\dfrac{x^2}{\sqrt{3}}$ (단, $x \geq 1$)과 만날 조건을 구하면 된다.

[풀이]

선분 AC 위의 한 점을 지나는 원 C_a가 존재하는 a의 값의 범위를 구하여야 한다. 따라서, 선분 AC 위의 한 점에서 원 C_a의 중심 $\left(a,\ \dfrac{a^2}{\sqrt{3}}\right)$까지의 거리가 $\dfrac{2}{\sqrt{3}}$가 되는 실수 a의 범위를 구하면 된다.

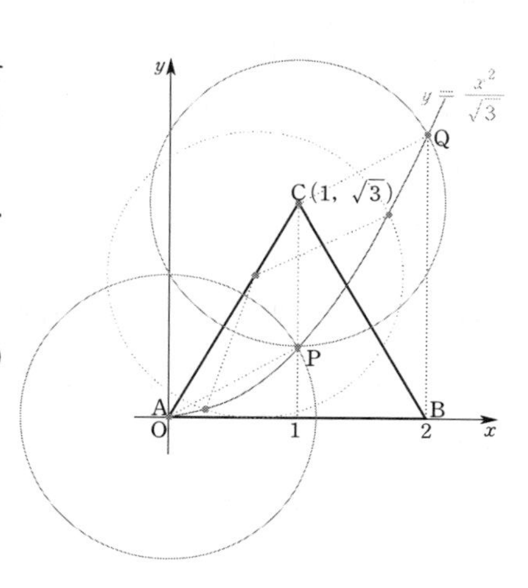

오른쪽 그림에서 선분 AC 위의 한 점을 중심으로 하고 반지름의 길이가 $\dfrac{2}{\sqrt{3}}$인 원은 항상 원 C_a의 중심의 자취 $y=\dfrac{x^2}{\sqrt{3}}$ (단, $x \geq 1$)와 만난다. 그 교점의 x좌표 중 큰 쪽이 가지는 범위가 구하는 a의 값의 범위이다.

중심이 점 A$(0,\ 0)$이고 반지름이 $\dfrac{2}{\sqrt{3}}$인 원은 점 $\left(1,\ \dfrac{1}{\sqrt{3}}\right)$에서 곡선 $y=\dfrac{x^2}{\sqrt{3}}$ (단, $x \geq 1$)과 만난다.

중심이 점 C$(1,\ \sqrt{3})$이고 반지름이 $\dfrac{2}{\sqrt{3}}$인 원과 곡선 $y=\dfrac{x^2}{\sqrt{3}}$ (단, $x \geq 1$)의 교점의 x좌표를 구하자. 두 도형의 방정식

$$(x-1)^2+(y-\sqrt{3})^2=\frac{4}{3},\ y=\frac{x^2}{\sqrt{3}}$$

에서 y를 소거하면

$$(x-1)^2+\left(\frac{x^2}{\sqrt{3}}-\sqrt{3}\right)^2=\frac{4}{3} \Leftrightarrow 3(x-1)^2+(x^2-3)^2=4$$

$$\Leftrightarrow x^4-3x^2-6x+8=0 \Leftrightarrow (x-1)(x-2)(x^2+3x+4)=0$$

이므로 구하는 교점은 $\left(1,\ \dfrac{1}{\sqrt{3}}\right)$, $\left(2,\ \dfrac{4}{\sqrt{3}}\right)$이다.

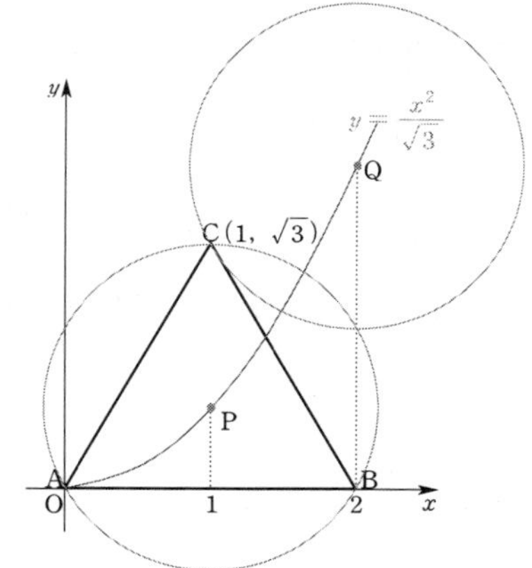

이상에서 구하는 a의 값의 범위는 $1 \leq a \leq 2$이다.

■ 성균관대 자연계 2024학년도 수시논술 1교시 예시답안

1-i

[착상]

① 곡선 $y=f(x)$ 위의 임의의 점과 정점 P 사이의 거리를 함수로 나타내어 미분한다.

② 양함수의 접선의 기울기는 모든 실숫값을 가지므로 기울기가 0인 경우도 존재할 수 있다. 이때, 접선과 수직인 직선은 y축과 평행하므로 기울기가 무한대가 된다. 이런 경우의 서술은 다소 번잡하다. 따로 분리하여 따져야 한다.

[풀이]

곡선 $y=f(x)$ 위의 임의의 점을 $\mathrm{T}(t,\ f(t))$라 하고, 점 P의 좌표를 $(a,\ b)$라 하자.

$$\overline{\mathrm{PT}}^2=(t-a)^2+\{f(t)-b\}^2$$

이므로

$$\frac{d}{dt}\overline{\mathrm{PT}}^2=2(t-a)+2\{f(t)-b\}f'(t)$$

이다. 함수 $f(x)$가 실수 전체의 집합에서 미분가능한 함수하므로 $\overline{\mathrm{PT}}^2$도 실수 전체의 집합에서 미분가능한 함수이다. 따라서, $\overline{\mathrm{PT}}^2$이 최소일 때, $\overline{\mathrm{PT}}^2$은 극소이고 $\frac{d}{dt}\overline{\mathrm{PT}}^2=0$이다. 이때의 점 T를 점 $\mathrm{Q}(q,\ f(q))$라 하면

$$(q-a)+\{f(q)-b\}f'(q)=0$$

이다.

$q\neq a$일 때, $\dfrac{f(q)-b}{q-a}\cdot f'(q)=-1$이므로 점 Q에서 곡선 $y=f(x)$에 접하는 접선이 직선 PQ와 수직이다.

$q=a$일 때, $\{f(q)-b\}f'(q)=0$에서 $f(q)=b$이면 점 P가 곡선 위의 점이 되어 문제의 조건과 맞지 않으므로 $f(q)\neq b$이고 이때, $f'(q)=0$이다. 따라서, 직선 PQ는 y축과 평행하고, 점 Q에서 곡선 $y=f(x)$에 접하는 접선은 x축과 평행하므로 두 직선은 서로 수직이다.

[다른 풀이]

$$\frac{d}{dt}\overline{\mathrm{PT}}^2=2(t-a,\ f(t)-b)\cdot(1,\ f'(t))=2\overrightarrow{\mathrm{PT}}\cdot(1,\ f'(t))$$

이다. 함수 $f(x)$가 실수 전체의 집합에서 미분가능한 함수하므로 $\overline{\mathrm{PT}}^2$도 실수 전체의 집합에서 미분가능한 함수이다. 따라서, $\overline{\mathrm{PT}}^2$이 최소일 때, $\overline{\mathrm{PT}}^2$은 극소이고 $\frac{d}{dt}\overline{\mathrm{PT}}^2=0$이다. 이때의 점 T를 점 $\mathrm{Q}(q,\ f(q))$라 하면

$$\overrightarrow{\mathrm{PQ}}\cdot(1,\ f'(q))=0$$

이다. 점 P는 곡선 $y=f(x)$ 위의 점이 아니므로 $\overrightarrow{\mathrm{PQ}}\neq\vec{0}$이고, $(1,\ f'(t))\neq\vec{0}$이므로

$$\overrightarrow{\mathrm{PQ}}\perp(1,\ f'(q))$$

이다.

한편, 점 $\mathrm{Q}(q,\ f(q))$에서 곡선 $y=f(x)$에 접하는 직선

$$y-f(q)=f'(q)(x-q)\ \Leftrightarrow\ f'(q)(x-q)-\{y-f(q)\}=0$$

의 법선벡터가 $(f'(q),\ -1)$이므로 벡터 $(1,\ f'(q))$는 이 직선의 방향벡터이다.

따라서, 점 Q에서 곡선 $y=f(x)$에 접하는 접선은 직선 PQ에 수직이다.

1-ii

[착상]

① $\overline{\mathrm{QR}}^2$을 함수로 나타내어 미분한다. 변수가 2개이므로 두 가지로 미분하여 생각한다.

② 1-i를 이용하는 방법도 있다. 이 방법을 택할 경우에는 사실 쓸 말이 별로 없다. 점 Q 기준으로도 수직이고, 점 R 기준으로도 수직이므로 별도로 증명할 내용이 없게 된다.

③ 서로 만나지 않는 두 직선이라고 하여도 두 곡선 위의 임의의 점 사이의 거리의 최솟값이 존재하지 않는 경우가 있다. 따라서, 이 문제는 최솟값이 존재하는 경우에만 성립하는 문제이다.

[풀이]

점 Q의 좌표를 $(q,\ g(q))$, 점 R의 좌표를 $(r,\ h(r))$이라 하면

$$\overline{\mathrm{QR}}^2=(q-r)^2+\{g(q)-h(r)\}^2$$

이다. 1-i에 의해 선분 QR의 길이가 최솟값을 가지면 임의의 실수 r에 대하여

$$\frac{d}{dq}\overline{\mathrm{QR}}^2=2(q-r)+2\{g(q)-h(r)\}g'(q)=0 \qquad \cdots ①$$

을 만족시키는 실수 q가 존재하고, 임의의 실수 q에 대하여

$$\frac{d}{df}\overline{\mathrm{QR}}^2=-2(q-r)-2\{g(q)-h(r)\}h'(r)=0 \qquad \cdots ②$$

을 만족시키는 실수 r이 존재한다.

$q\neq r$일 때 ①, ②에서

$$\frac{g(q)-h(r)}{q-r}\times g'(q)=-1,\ \frac{g(q)-h(r)}{q-r}\times h'(r)=-1$$

이므로 점 Q에서 곡선 $y=g(x)$에 접하는 접선과 점 R에서 곡선 $y=h(x)$에 접하는 접선은 모두 직선 QR에 수직이다.

$q=r$일 때 ①, ②에서

$$\{g(q)-h(q)\}g'(q)=0,\ \{g(q)-h(q)\}h'(r)=0$$

이다. 그런데, 두 곡선이 서로 만나지 않으므로 $g(q)\neq h(q)$이고, $g'(q)=h'(q)=0$이다. 이때 직선 QR은 y축과 평행하고, 점 Q에서 곡선 $y=g(x)$에 접하는 직선과 점 R에서 곡선 $y=h(x)$에 접하는 직선은 모두 x축과 평행하므로 직선 QR과 수직이다.

[다른 풀이]

점 R을 고정시켜 생각하자. 곡선 $y=g(x)$ 위의 점 Q와 점 R에 대해 선분 QR의 길이가 최솟값을 가질 때 1-i에 의해 점 Q에서 곡선 $y=g(x)$에 접하는 접선과 직선 QR은 서로 수직이다.

다음으로 점 Q를 고정시켜 생각하자. 곡선 $y=h(x)$ 위의 점 R과 점 Q에 대해 선분 QR의 길이가 최솟값을 가질 때 1-i에 의해 점 R에서 곡선 $y=h(x)$에 접하는 접선과 직선 QR은 서로 수직이다.

따라서, 선분 QR의 길이가 최소일 때, 점 Q에서 곡선 $y=g(x)$에 접하는 접선과 점 R에서 곡선 $y=h(x)$에 접하는 접선은 모두 직선 QR에 수직이다.

[참고]

서로 만나지 않는 두 직선이라고 하여도 두 곡선 위의 임의의 점 사이의 거리의 최솟값이 존재하지 않는 경우가 있다.

예를 들어 서로 만나지 않는 두 곡선 $y=x^2$과 $y=x^2+1$ 사이의 임의의 두 점 사이의 거리의 최솟값은 존재하지 않는다. $x\to\infty$ 일 때 두 곡선은 매우 가까워지므로 직선 $y=n$이 두 곡선에 의해 잘리는 제1사분면에 속하는 선분의 길이는 $n\to\infty$ 일 때 0에 한없이 가까워진다.

실제로 계산해보면 두 점 $\mathrm{A}(\sqrt{n},\ n)$, $\mathrm{B}(\sqrt{n-1},\ n)$ 사이의 거리는

$$|\sqrt{n-1}-\sqrt{n}|=\frac{1}{\sqrt{n-1}+\sqrt{n}}\to 0$$

이다.

1-iii

[착상]

① 주어진 조건을 그림으로 나타내어 생각하면 대칭을 이용할 수 있음을 알 수 있다.

② 1-ii를 이용한다. 공통법선 문제는 계산이 상당히 복잡하므로 주의가 필요하다.

② '점 D의 x좌표와 점 A의 y좌표의 차가 6'이라는 조건은 불필요한 조건이다.

[풀이]

오른쪽 그림과 같이 점 A를 직선 $y=x$에 관하여 대칭시킨 점을 A′, 점 D를 x축에 관하여 대칭시킨 점을 D′라 하면

$$\overline{AB}+\overline{BC}+\overline{CD}=\overline{A'B}+\overline{BC}+\overline{CD'}\geq\overline{A'D'}$$

이다. 이때, 점 A′는 곡선

$$x=\sqrt{y-1}\iff y=x^2+1\ (\text{단, } x\geq 0)$$

위의 점이고, 점 D′는 곡선

$$y=-(2x^2-30x+113)$$

위의 점이다.

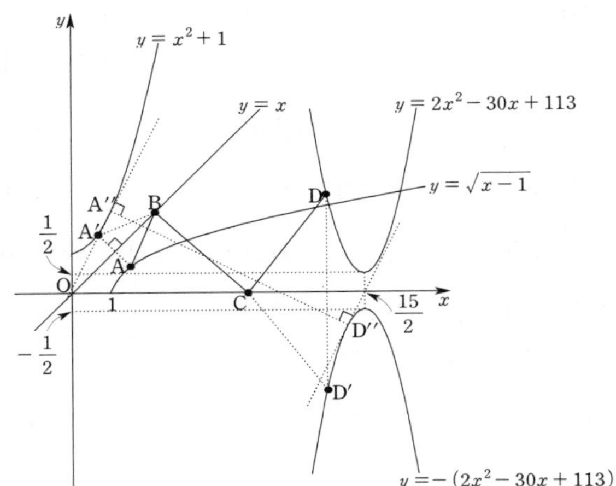

따라서, 이 두 곡선의 공통법선과 두 곡선의 교점을 각각 A″, D″라 하고 1-ii의 성질과 오른쪽 그림을 바탕으로 생각하면 $\overline{AB}+\overline{BC}+\overline{CD}$의 최솟값은 $\overline{A''D''}$가 된다.

두 점 A″, D″의 x좌표를 각각 a, d라 하고 공통법선의 방정식을 각각 구하면

$$y-(a^2+1)=-\frac{1}{2a}(x-a)\iff y=-\frac{1}{2a}x+a^2+\frac{3}{2},$$

$$y+(2d^2-30d+113)=\frac{1}{4d-30}(x-d)\iff y=\frac{1}{4d-30}x-\frac{d}{4d-30}-(2d^2-30d+113)$$

이다. 따라서,

$$-2a=4d-30,\ a^2+\frac{3}{2}=-\frac{d}{4d-30}-(2d^2-30d+113)$$

이므로 d를 소거하면

$$a^2+\frac{3}{2}=-\frac{-\frac{1}{2}a+\frac{15}{2}}{-2a}-\left\{2\left(d-\frac{15}{2}\right)^2+\frac{1}{2}\right\}=-\frac{1}{4}+\frac{15}{4a}-\left\{2\left(-\frac{a}{2}\right)^2+\frac{1}{2}\right\}$$

$$\iff 4a^3+6a=-a+15-\left\{8a\left(-\frac{a}{2}\right)^2+2a\right\}$$

$$\iff 6a^3+9a-15=0$$

$$\iff (a-1)(2a^2+2a+5)=0$$

이고, $2a^2+2a+5=2\left(a+\frac{1}{2}\right)^2+\frac{9}{2}>0$이므로 $a=1$이다.

이때, $d=7$이므로 A″$(1,\ 2)$, D″$(7,\ -1)$이고, 구하는 좌표는 A$(2,\ 1)$, D$(7,\ 1)$이다. 이는 주어진 조건을 만족시킨다.

2-i

[착상]

① 도형적인 성질이 숨어 있을 것이므로 정확한 작도를 통해 착상해본다.

② 세 점 P, M_1, M_2가 한 직선, 특히 y축과 평행한 한 직선 위에 놓이는지 검토해볼 필요가 있다. 과정이 엄청 간단해지는 성질이므로.

③ p의 값을 이용하지 않아도 되므로 굳이 구할 필요가 없다. 양수로서 p의 역할은 직선 AD가 직선 BC보다 위쪽에 놓임을 알려주는 것이다. 푸는 사람 입장에서는 미지수가 주어지면 그것을 구하여 활용해야 한다는 의무감을 느끼게 되는데 p가 들어가는 식으로 만들어보면 복잡해지기만 할 뿐 아무 쓸모가 없다.

④ 중학교 논증기하를 이용하여 풀이할 수 있는 문제이기도 하다.

⑤ 포물선에서 평행한 현의 중점을 이은 직선은 축과 평행하다. 이 성질을 알고 있더라도 증명하고 써야 한다. 설명 없이 그냥 직선 M_1M_2가 y축과 평행하다고 하면 감점가능성이 높다.

[풀이]

두 점 A, D의 좌표를 각각 $(a,\ a^2)$, $(d,\ d^2)$ (단, $a<d$)라 하자.

직선 L_1의 기울기는 $\dfrac{a^2-d^2}{a-d}=a+d$이므로 직선 L_2의 방정식은 $y=(a+d)x$이고, $y=x^2$과 연립하면 점 C의 좌표는 $(a+d,\ (a+d)^2)$이다.

사각형 ABCD의 대각선 AC의 방정식은

$$y-a^2=\frac{(a+d)^2-a^2}{(a+d)-a}(x-a) \iff y=(2a+d)x-a^2-ad$$

이고, 대각선 BD의 방정식은 $y=dx$이므로 두 대각선의 교점 P의 좌표는 $\left(\dfrac{a+d}{2},\ \dfrac{ad+d^2}{2}\right)$이다.

또, 점 M_1의 좌표는 $\left(\dfrac{a+d}{2},\ \dfrac{a^2+d^2}{2}\right)$, 점 M_2의 좌표는 $\left(\dfrac{a+d}{2},\ \dfrac{(a+d)^2}{2}\right)$이므로 세 점 P, M_1, M_2의 x좌표가 같다. 따라서, 이 세 점은 y축과 평행한 한 직선 위에 있다.

$$\overline{PM_1}=\frac{a^2+d^2}{2}-\frac{ad+d^2}{2}=5 \iff a^2-ad=10,$$

$$\overline{PM_2}=\frac{ad+d^2}{2}-\frac{(a+d)^2}{2}=1 \iff -a^2-ad=2$$

이므로 $a^2=4$, $ad=-6$이고, $a<d$이므로 $a=-2$, $d=3$이다.

이를 대입하면 네 점 A, B, C, D의 좌표는 각각

$(-2,\ 4)$, $(0,\ 0)$, $(1,\ 1)$, $(3,\ 9)$

이다. 따라서, 세 점 A, C, D에서 x축에 내린 수선의 발을 각각 A′, C′, D′라 하면 구하는 넓이는

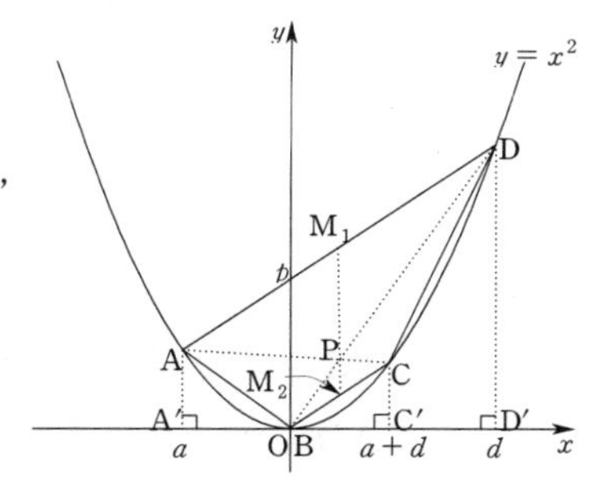

$$\begin{aligned}\square ABCD &= \square AA'D'D-\triangle OAA'-\triangle OCC'-\square CC'D'D\\ &=\frac{1}{2}\cdot(4+9)\cdot5-\frac{1}{2}\cdot2\cdot4-\frac{1}{2}\cdot1\cdot1-\frac{1}{2}\cdot(1+9)\cdot2\\ &=18\end{aligned}$$

이다.

[다른 풀이]

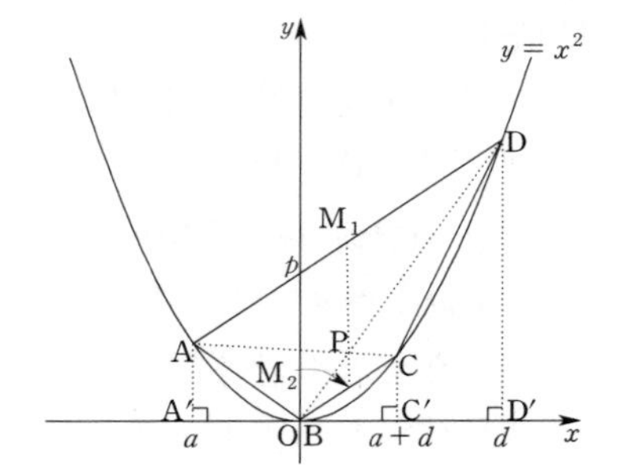

사각형 ABCD에서 AD∥BC이므로

$\angle \mathrm{ADB} = \angle \mathrm{BDA} \iff \angle \mathrm{PDM_1} = \angle \mathrm{PBM_2}$,

$\overline{\mathrm{PD}} : \overline{\mathrm{PB}} = \overline{\mathrm{DA}} : \overline{\mathrm{BC}} = \frac{1}{2}\overline{\mathrm{DA}} : \frac{1}{2}\overline{\mathrm{BC}} = \overline{\mathrm{DM_1}} : \overline{\mathrm{BM_2}}$

이다. 따라서, $\triangle \mathrm{PDM_1} \backsim \triangle \mathrm{PBM_2}$ (SAS닮음)이고

$\angle \mathrm{DPM_1} = \angle \mathrm{BPM_2}$

이고, 세 점 $\mathrm{M_1}$, P, $\mathrm{M_2}$는 한 직선 위에 있다.

두 점 A, D의 좌표를 각각 $(a,\ a^2)$, $(d,\ d^2)$ (단, $a<d$)라 두면 직선 AD의 기울기는

$\frac{a^2-d^2}{a-d} = a+d$

이고, AD∥BC이므로 직선 BC의 방정식은 $y=(a+d)x$이다. 이를 $y=x^2$과 연립하면

$x^2=(a+d)x \iff x\{x-(a+d)\}=0$

이므로 점 C의 x좌표는 $a+d$이다.

따라서, 선분 AD의 중점 $\mathrm{M_1}$의 x좌표와 선분 BC의 중점 $\mathrm{M_2}$의 x좌표는 $\frac{a+d}{2}$로서 서로 같고, 직선 $\mathrm{M_1M_2}$는 y축과 평행하다.

$\overline{\mathrm{BC}} : \overline{\mathrm{DA}} = \overline{\mathrm{BM_2}} : \overline{\mathrm{DM_1}} = \overline{\mathrm{PM_2}} : \overline{\mathrm{PM_1}} = 1:5$

이고, 세 점 A, C, D에서 x축에 내린 수선의 발을 각각 A′, C′, D′라 하면 평행선은 선분의 비를 보존하므로

$\overline{\mathrm{BC'}} : \overline{\mathrm{AD'}} = \overline{\mathrm{BC}} : \overline{\mathrm{AD}} \iff a+d : d-a = 1:5 \iff a = -\frac{2}{3}d$

이다.

따라서, 네 점 A, B, C, D의 좌표는 각각

$\left(-\frac{2d}{3},\ \frac{4d^2}{9}\right)$, $(0,\ 0)$, $\left(\frac{d}{3},\ \frac{d^2}{9}\right)$, $(d,\ d^2)$

이다.

점 P는 선분 BD를 $1:5$로 내분하는 점이므로 점 P의 y좌표는 $\frac{d^2}{6}$이고, 점 $\mathrm{M_2}$는 선분 BC의 중점이므로 점 $\mathrm{M_2}$의 y좌표는 $\frac{d^2}{18}$이다. 따라서,

$\overline{\mathrm{PM_2}} = \frac{d^2}{6} - \frac{d^2}{18} = 1 \iff d^2 = 9 \iff d = 3$

이다.

[참고]

$\overline{\mathrm{PM_1}} = 5$, $\overline{\mathrm{PM_2}} = 1$이므로 직선 AD는 직선 BC를 y축 방향으로 6만큼 평행이동한 직선이다. 따라서, $p=6$이고, 직선 AD의 방정식은 $y=(a+d)x+6$이다.

2-ii

[착상]

① 조건이 너무 많아 헷갈리는 문제이다.

② 원은 중심에 관하여 대칭이므로 원에 평행한 두 직선을 그어 원과 만나게 하면 네 교점이 이루는 도형은 생성된 두 현의 중점을 지나는 직선에 관하여 대칭이 되므로 등변사다리꼴이 만들어진다.

③ 정수 조건이 많은데, 이런 문제는 도형의 성질이나 미분법, 대수적 연산방법 등 직진성 풀이법이 통하지 않는다. 실마리를 잘 잡고 발생하는 경우들을 몇 가지로 나누어 따져야 한다.

[풀이]

주어진 원과 포물선의 네 교점을

$A(a,\ a^2)$, $B(b,\ b^2)$, $C(c,\ c^2)$, $D(d,\ d^2)$ (단, $a<b<c<d$, $a<0$, $d>0$, a^2, b^2, c^2, d^2은 정수)

이라 하자.

원주 위의 네 점이 사다리꼴을 이루면 등변사다리꼴이 되므로 $AD /\!/ BC$이고, $\overline{AB}=\overline{CD}$이다.

$AD /\!/ BC$로부터

$$\frac{a^2-d^2}{a-d}=\frac{b^2-c^2}{b-c} \Leftrightarrow a+d=b+c \Leftrightarrow a-b=c-d \qquad \cdots①$$

이고, $\overline{AB}=\overline{CD}$로부터

$(a-b)^2+(a^2-b^2)^2=(c-d)^2+(c^2-d^2)^2$

$\Leftrightarrow (a-b)^2\{1+(a+b)^2\}=(c-d)^2\{1+(c+d)^2\}$

$\Leftrightarrow (a+b)^2=(c+d)^2$

이다.

$a+b=c+d$일 때 ①과 연립하면 $a=c$가 되므로 모순이다.

$a+b=-(c+d)$일 때 ①과 연립하면 $a=-d$, $b=-c$이다.

따라서, 주어진 원과 포물선의 네 교점은

$A(-d,\ d^2)$, $B(-c,\ c^2)$, $C(c,\ c^2)$, $D(d,\ d^2)$ (단, c, d는 $0<c<d$이고, c^2, d^2은 정수)

이다.

포물선이 y축에 관하여 대칭이고, 포물선과 원의 네 교점이 y축에 관하여 대칭이 두 쌍의 교점으로 이루어지므로 원도 y축에 관하여 대칭이다. 원은 $y>0$인 영역에 놓이므로 원의 중심을 $(0,\ v)$ (v는 자연수)라 하면 원의 방정식은

$x^2+(y-v)^2=4^2$

이고, 두 점 C, D를 대입하면

$$c^2+(c^2-v)^2=4^2,\ d^2+(d^2-v)^2=4^2 \qquad \cdots①$$

이다. 여기서, $0<c<d$, c^2, d^2, c^2-v, d^2-v는 모두 정수이므로 가능한 $c=\sqrt{7}$, $\sqrt{12}$, $\sqrt{15}$이다.

㉠ $c=\sqrt{7}$일 때,

$d=\sqrt{12}$이면 $7+(7-v)^2=4^2$, $12+(12-v)^2=4^2$를 만족시키는 $v=10$이고,

$d=\sqrt{15}$이면 $7+(7-v)^2=4^2$, $15+(15-v)^2=4^2$를 만족시키는 v는 없고,

$d=4$이면 $7+(7-v)^2=4^2$, $16+(16-v)^2=4^2$를 만족시키는 v는 없다.

㉡ $c=\sqrt{12}$일 때

$d=\sqrt{15}$이면 $12+(12-v)^2=4^2$, $15+(15-v)^2=4^2$를 만족시키는 $v=14$이고,

$d=4$이면 $12+(12-v)^2=4^2$, $16+(16-v)^2=4^2$를 만족시키는 v는 없다.

㉢ $c=\sqrt{15}$ 일 때

$d=4$ 이고 $15+(15-v)^2=4^2$, $16+(16-v)^2=4^2$ 를 만족시키는 $v=16$ 이다.

사다리꼴 ABCD의 넓이는

$\frac{1}{2}(2c+2d)\cdot(d^2-c^2)=(d^2-c^2)(d+c)$

이므로 각 경우의 넓이를 구하면

$5(\sqrt{7}+2\sqrt{3})$, $3(2\sqrt{3}+\sqrt{15})$, $\sqrt{15}+4$

이다.

2-iii

[착상]

① 주어진 조건이 많지만 순차적인 접근이 어느 정도 가능하다. 먼저, $g(x)$가 확정되며 방정식 $g(x)=x^2$도 확정된다.

② 실수 차원에서는 불완전한 조건이 주어졌지만 자연수라는 조건을 덧붙임으로써 해의 개수가 제한되는 문제이다.

[풀이]

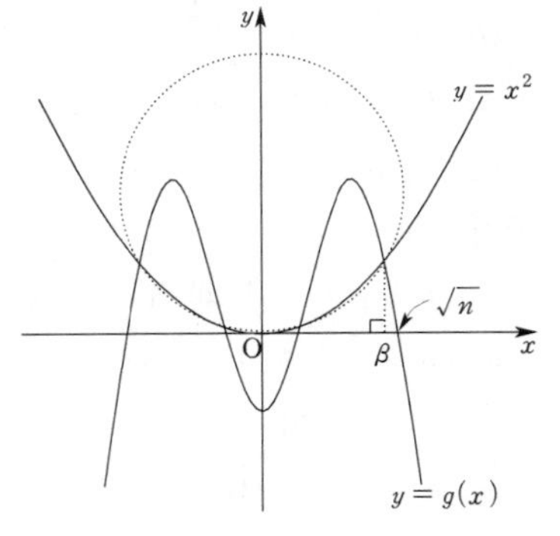

사차함수 $y=g(x)$는 y축에 관하여 대칭이므로 x축과의 네 교점도 y축에 관하여 대칭이다. 따라서, $y=g(x)$와 x축의 네 교점의 x좌표는 $\pm\sqrt{m}$, $\pm\sqrt{n}$ 이고,

$$g(x)=-(x+\sqrt{n})(x+\sqrt{m})(x-\sqrt{m})(x-\sqrt{n})$$
$$=-(x^2-m)(x^2-n)$$

이다. 두 곡선 $y=g(x)$와 $y=x^2$을 연립하면 교점의 x좌표는

$$-(x^2-m)(x^2-n)=x^2$$
$$\Leftrightarrow\ x^4-(m+n-1)x^2+mn=0 \qquad \cdots ①$$

의 네 근이다. 이를 $\pm\alpha$, $\pm\beta$ (단, $0<\alpha<\beta$)라 두면 주어진 원은 $(\alpha,\ \alpha^2)$과 $(\beta,\ \beta^2)$을 지난다.

주어진 네 교점을 지나는 원은 y축에 관하여 대칭이므로 중심을 $(0,\ b)$ (단, $b>0$)라 하면 그 방정식은

$$x^2+(y-b)^2=10^2$$

이다. 두 교점을 대입하면

$$\alpha^2+(\alpha^2-b)^2=10^2,\ \beta^2+(\beta^2-b)^2=10^2 \qquad \cdots ②$$

이다.

②의 두 식의 양변을 변끼리 빼면

$$\alpha^2-\beta^2+(\alpha^2-b)^2-(\beta^2-b)^2=0$$
$$\Leftrightarrow\ (\alpha^2-\beta^2)\{1+(\alpha^2+\beta^2-2b)\}=0$$
$$\Leftrightarrow\ \alpha^2+\beta^2-2b+1=0$$

이고, ①에서 $\alpha^2+\beta^2=m+n-1$ 이므로

$$(m+n-1)-2b+1=0\ \Leftrightarrow\ b=\frac{1}{2}(m+n) \qquad \cdots ③$$

이다.

②의 두 식의 양변을 변끼리 더하면

$$\alpha^2+\beta^2+(\alpha^2-b)^2+(\beta^2-b)^2=200$$
$$\Leftrightarrow\ (m+n-1)+(\alpha^2+\beta^2-2b)^2-2(\alpha^2-b)(\beta^2-b)=200$$
$$\Leftrightarrow\ (m+n-1)+(-1)^2-2\{\alpha^2\beta^2-(\alpha^2+\beta^2)b+b^2\}=200$$

이고, $\alpha^2\beta^2=mn$이므로

$$m+n-2\left\{mn-(m+n-1)\cdot\frac{1}{2}(m+n)+\frac{1}{4}(m+n)^2\right\}=200$$

이다. $m+n=s$라 하면

$$s-2\left\{mn-(s-1)\cdot\frac{1}{2}s+\frac{1}{4}s^2\right\}=200$$
$$\Leftrightarrow\ 2s-4mn+2s(s-1)-s^2=400$$
$$\Leftrightarrow\ s^2-4mn=400$$
$$\Leftrightarrow\ (m+n)^2-4mn=400$$
$$\Leftrightarrow\ (m-n)^2=400$$
$$\Leftrightarrow\ n-m=20 \qquad \cdots ④$$

이다.

$\alpha^2<100$, $\beta^2\le 100$이므로 ①에서

$$\alpha^2+\beta^2=m+n-1<200\ \Leftrightarrow\ m+n<201$$

이 성립하여야 한다.

④에서 $m=n-20$이므로

$$(n-20)+n<201\ \Leftrightarrow\ n\le 110$$

이고, $m>0$이므로 $n>20$이다. 따라서, $21\le n\le 110$이다.

그런데, $\sqrt{n}$이 자연수가 아니므로

$$n\ne 5^2,\ 6^2,\ 7^2,\ 8^2,\ 9^2,\ 10^2$$

이고, $m=n-20$도 제곱수가 아니므로

$$n\ne 20+1^2,\ 20+2^2,\ 20+3^2,\ \cdots,\ 20+9^2$$

이다. 나열된 수 중에서 겹치는 수는 36 하나뿐이므로 구하는 순서쌍의 개수는

$$90-6-9+1=76$$

이다.

3-i

$y=g(x)=-px^2+qx+r$ 위의 점 $\mathrm{R}(0,\ r)$에서 접선의 방정식은

$y-r=g'(0)x \iff y=qx+r$

이다. 이 접선이 x축과 만나는 교점이 $\mathrm{P}(\alpha,\ 0)$이므로 $\alpha=-\dfrac{r}{q}$이다.

직선 PR의 기울기는 $\dfrac{r-0}{0-\alpha}=q$이므로 점 R을 지나고 직선 PR에 수직의 방정식은

$y-r=-\dfrac{1}{q}(x-0) \iff y=-\dfrac{1}{q}x+r$

이다. 이 직선이 x축과 만나는 교점이 $\mathrm{Q}(\beta,\ 0)$이므로 $\beta=qr$이다.

3-ii

[착상]

① 정수 또는 자연수 조건의 문제는 이론적인 식으로 직진하여 풀이되기보다는 몇 가지 경우로 나누어 접근해야 할 때가 있다.

② 주어진 조건이 복잡하므로 빠뜨리지 않도록 주의하고, 값을 착각하여 엉뚱하게 대입하는 것도 조심해야 한다.

③ 제곱수 조건을 이용하여 몇 가지 값을 특정하면 그 중에서도 $B>C$를 이용하여 걸러낼 수 있으므로 최종적인 계산은 많이 줄어든다.

[풀이]

$B^2+4AC=100 \iff B^2=4(25-AC)$

이므로 $25-AC$는 제곱수이고, $AC=9,\ 16,\ 24$이다.

α와 β가 이차방정식 $f(x)=-Ax^2+Bx+C=0$의 해이므로 3-i를 이용하면

$\alpha+\beta=\dfrac{B}{A}=-\dfrac{r}{q}+qr,\ \alpha\beta=\dfrac{C}{-A}=-\dfrac{r}{q}\cdot qr=-r^2 \iff C=Ar^2$

이다. 따라서, $AC=(Ar)^2=9$ 또는 16이고, $Ar=3$ 또는 4이다.

i) $AC=9,\ Ar=3$일 때 $B=\sqrt{4(25-AC)}=8$이다. 이때,

① $A=1$이면 $C=9$이므로 $B>C$에 어긋난다.

② $A=3$이면 $C=3,\ r=1$이고,

$$-\frac{1}{q}+q=\frac{8}{3} \iff 3q^2-8r-3=0 \iff (3q+1)(q-3)=0$$

에서 $q=3$이다. $q^2+4pr=9+4p$가 제곱수가 되는 최소의 p는 4이다.

ii) $AC=16,\ Ar=4$일 때 $B=\sqrt{4(25-AC)}=6$이다. 이때,

① $A=1$이면 $C=16$이므로 $B>C$에 어긋난다.

② $A=2$이면 $C=8$이므로 $B>C$에 어긋난다.

③ $A=4$이면 $C=4,\ r=1$이고,

$$-\frac{1}{q}+q=\frac{3}{2} \iff 2q^2-3q-2=0 \iff (2q+1)(q-2)=0$$

에서 $q=2$이다. $q^2+4pr=4+4p$가 제곱수가 되는 최소의 p는 3이다.

이상에서 구하는 순서쌍은

$(A,\ B,\ C)=(3,\ 8,\ 3)$일 때 $(p,\ q,\ r)=(4,\ 3,\ 1)$,

$(A, B, C)=(4, 6, 4)$일 때 $(p, q, r)=(3, 2, 1)$
이다.

[참고]

일반적인 해를 구하면 다음과 같다.

i) ②에서 $q^2+4pr=9+4p=(2k+3)^2$ (단, k는 자연수)이라 두면

$$p=\frac{1}{4}(4k^2+12k)=k^2+3k.$$

ii) ③에서 $q^2+4pr=4+4p=(2m+2)^2$ (단, m은 자연수)이라 두면

$$p=\frac{1}{4}(4m^2+8m)=m^2+2m.$$

3-iii

[착상]

① 일반적인 접근이 상당히 복잡하다.

② 3-ii와 연계하여 풀이하는 방법이 있을 것으로 판단할 수 있다. 3-ii에서 최소의 p를 구하라고 하였으므로 3-iii에서도 p가 최소일 때 S가 최소가 될 것이라 유추할 수 있다. 그런데, 풀이방법으로서 채택할 때는 근거가 제시되어야 한다. 곧, S가 p에 관한 증가함수라는 것을 보여야 한다. 당연히 미분법을 써야 하는 것이고, 문제에서 주어진 p는 자연수이지만 이를 실수로 보고 증감과 관련한 성질을 파악하는 것은 일반성을 지닌다.

③ 주의할 점은 $\frac{d}{dt}\int_0^x f(t)dt=f(x)$가 되려면 $f(x)$의 계수가 t와 무관하여야 한다. 연관성이 있을 때는 그 항에 대해서는 곱의 미분법을 써야 한다. 예를 들어 b, c가 상수일 때

$$\frac{d}{da}\int_0^\alpha (ax^2+bx+c)dx=\frac{d}{da}\left[\frac{a}{3}x^3+\frac{b}{2}x^2+cx\right]_0^\alpha=\alpha^3+(a\alpha^2+b\alpha+c)\cdot\frac{d\alpha}{da}$$

이다.

[풀이]

직선 PR과 곡선 $y=g(x)$ 및 x축 $(x<0)$으로 둘러싸인 도형의 넓이를 S라 하자.

3-i의 풀이에서 점 P의 x좌표는 $\alpha=-\frac{r}{q}$이므로 $g(x)=-px^2+qx+r=0$의 음근을 γ라 하면

$$S=\frac{1}{2}\cdot(-\alpha)\cdot r-\int_\gamma^0 g(x)dx=\frac{r^2}{2q}+\int_0^\gamma(-px^2+qx+r)dx$$

이다.

p를 양의 실수로 생각하고 p에 관하여 미분하면

$$\begin{aligned}\frac{dS}{dp}&=\frac{d}{dp}\int_0^\gamma(-px^2+qx+r)dx\\&=\frac{d}{dp}\left(-\frac{p}{3}\gamma^3+\frac{1}{2}q\gamma^2+r\gamma\right)\\&=-\frac{1}{3}\gamma^3-p\gamma^2\frac{d\gamma}{dp}+q\gamma\frac{d\gamma}{dp}+r\frac{d\gamma}{dp}\\&=-\frac{1}{3}\gamma^3+(-p\gamma^2+q\gamma+r)\cdot\frac{d\gamma}{dp}\end{aligned}$$

이다. γ는 $g(x)=-px^2+qx+r=0$의 근이므로 $-p\gamma^2+q\gamma+r=0$이고

$$\frac{dS}{dp} = -\frac{1}{3}\gamma^3 > 0$$

이다. 따라서, S는 p에 관한 증가함수이므로 p가 최소일 때 S도 최소가 된다.

i) $r=1$, $q=3$일 때 최소의 $p=4$이고 이때,

$$-px^2+qx+r=-4x^2+3x+1=-(4x+1)(x-1)$$

이므로 S의 최솟값은

$$S=\frac{1}{6}+\int_0^{-\frac{1}{4}}(-4x^2+3x+1)dx$$

$$=\frac{1}{6}+\left[-\frac{4}{3}x^3+\frac{3}{2}x^2+x\right]_0^{-\frac{1}{4}}$$

$$=\frac{1}{6}+\left(\frac{1}{48}+\frac{3}{32}-\frac{1}{4}\right)=\frac{16+2+9-24}{96}=\frac{1}{32}$$

이다.

ii) $r=1$, $q=2$일 때 최소의 $p=3$이고 이때,

$$-px^2+qx+r=-3x^2+2x+1=-(3x+1)(x-1)$$

이므로 S의 최솟값은

$$S=\frac{1}{4}+\int_0^{-\frac{1}{3}}(-3x^2+2x+1)dx$$

$$=\frac{1}{4}+\left[-x^3+x^2+x\right]_0^{-\frac{1}{3}}$$

$$=\frac{1}{4}+\left(\frac{1}{27}+\frac{1}{9}-\frac{1}{3}\right)=\frac{27+4+12-36}{108}=\frac{7}{108}$$

이다.

이상에서 구하는 최솟값은 $\frac{1}{32}$이다.

[다른 풀이]

3-ii의 풀이로부터 다음과 같이 나누어 생각하자.

i) $r=1$, $q=3$이고, $9+4p$가 제곱수일 때

$9+4p=(2k+3)^2$ (단, k는 자연수)이라 두면

$$p=\frac{1}{4}(4k^2+12k)=k^2+3k$$

이므로

$$-px^2+qx+r=-(k^2+3k)x^2+3x+1=-\{(k+3)x+1\}(kx-1)$$

에서 $\gamma=-\frac{1}{k+3}$이다. 이때,

$$S=\frac{1}{6}+\int_0^{-\frac{1}{k+3}}\{-(k^2+3k)x^2+3x+1\}dx$$

$$=\frac{1}{6}+\left[-\frac{k^2+3k}{3}x^3+\frac{3}{2}x^2+x\right]_0^{-\frac{1}{k+3}}$$

$$= \frac{1}{6} + \frac{k^2+3k}{3(k+3)^3} + \frac{3}{2(k+3)^2} - \frac{1}{k+3}$$

$$= \frac{1}{6} + \frac{(k+3)-3}{3(k+3)^2} + \frac{3}{2(k+3)^2} - \frac{1}{k+3}$$

$$= \frac{1}{6} + \frac{1}{2} \cdot \frac{1}{(k+3)^2} - \frac{2}{3} \cdot \frac{1}{k+3}$$

$$= \frac{1}{6} + \frac{1}{2}\left(\frac{1}{k+3} - \frac{2}{3}\right)^2 - \frac{2}{9}$$

이고, $0 < \frac{1}{k+3} < \frac{2}{3}$ 이므로 $k=1$ 일 때 S의 최솟값은 $\frac{1}{32}$ 이다.

ii) $r=1$, $q=2$ 이고, $4+4p$ 가 제곱수일 때

$4+4p=(2m+2)^2$ (단, m은 자연수)이라 두면

$$p = \frac{1}{4}(4m^2+8m) = m^2+2m$$

이므로

$$-px^2+qx+r = -(m^2+2m)x^2+2x+1 = -\{(m+2)x+1\}(mx-1)$$

에서 $\gamma = -\frac{1}{m+2}$ 이다. 이때,

$$S = \frac{1}{4} + \int_0^{-\frac{1}{m+2}} \{-(m^2+2m)x^2+2x+1\}dx$$

$$= \frac{1}{4} + \left[-\frac{m^2+2m}{3}x^3 + x^2 + x\right]_0^{-\frac{1}{m+2}}$$

$$= \frac{1}{4} + \frac{m^2+2m}{3(m+2)^3} + \frac{1}{(m+2)^2} - \frac{1}{m+2}$$

$$= \frac{1}{4} + \frac{(m+2)-2}{3(m+2)^2} + \frac{1}{(m+2)^2} - \frac{1}{m+2}$$

$$= \frac{1}{4} + \frac{1}{3} \cdot \frac{1}{(k+3)^2} - \frac{2}{3} \cdot \frac{1}{m+2}$$

$$= \frac{1}{4} + \frac{1}{3}\left(\frac{1}{m+2} - 1\right)^2 - \frac{1}{3}$$

이고, $0 < \frac{1}{m+2} < 1$ 이므로 $m=1$ 일 때 S의 최솟값은 $\frac{7}{108}$ 이다.

이상에서 구하는 최솟값은 $\frac{1}{32}$ 이다.

■ 성균관대 자연계 2024학년도 수시논술 2교시 예시답안

1−i

[착상]

구간 $[a,\ b]$의 모든 실수 x에 대하여 $f(x) \geq g(x)$, $p(x) \geq q(x)$일 때 $g(x) \geq p(x)$이면 $f(x) \geq q(x)$가 성립한다. 역은 성립하지 않는다.

[풀이]

$p(x) = A(x) - D(x)$라 하면

$p(x) = x^3 - 2x^2 - 4x + 8$,

$p'(x) = 3x^2 - 4x - 4 = (3x+2)(x-2)$

이다. $0 < x < 3.5$이면 $p'(x)$의 부호는 $x = 2$일 때 음에서 양으로 바뀌므로, 이 구간에서 $p(x)$는 $x = 2$일 때 극소이자 최소이다. 따라서,

$p(x) \geq p(2) = 0 \iff A(x) \geq D(x)$

이고, $0 < x < 3.5$인 모든 x에 대해 $g(x) \leq f(x)$가 성립한다.

1−ii

[착상]

① $f(1) = A(1)$이므로 주어진 부등식에서 생각해보면 $f'(1) = A'(1)$임을 짐작하는 것은 어렵지 않다. 객관식이나 단답형 문제가 아님에 유의하면 논리적인 추론으로 $f'(1) = A'(1)$을 입증해야 한다.

② 미분계수의 정의에 따라 $f(x)$의 좌미분계수와 우미분계수가 모두 $A'(1)$임을 보일 수 있다.

③ $0 < x < 3.5$에서 $f(x) \geq A(x)$이고, $f(1) = A(1)$이므로 $f(x) - A(x)$는 $x = 1$에서 최소이자 극소임을 이용할 수 있다.

[풀이]

$x = 1$ 부근에서 $f(x) \geq A(x)$이고, $f(1) = A(1) = 8$이므로

$f(x) - f(1) \geq A(x) - A(1)$

이다.

$x - 1$이 충분히 작은 양수일 때

$$\frac{f(x) - f(1)}{x-1} \geq \frac{A(x) - A(1)}{x-1}$$

이고, 극한을 취하면

$$\lim_{x \to 1+} \frac{f(x) - f(1)}{x-1} \geq \lim_{x \to 1+} \frac{A(x) - A(1)}{x-1}$$

이다. $f(x)$, $A(x)$는 $x = 1$에서 미분가능한 함수이므로

$$\lim_{x \to 1} \frac{f(x) - f(1)}{x-1} \geq \lim_{x \to 1} \frac{A(x) - A(1)}{x-1} \iff f'(1) \geq A'(1)$$

이다.

또, $x < 1$이고 $|x-1|$이 충분히 작은 양수일 때

$$\frac{f(x) - f(1)}{x-1} \leq \frac{A(x) - A(1)}{x-1}$$

이고, 극한을 취하면

$$\lim_{x \to 1-} \frac{f(x) - f(1)}{x-1} \leq \lim_{x \to 1-} \frac{A(x) - A(1)}{x-1}$$

이고, $f(x)$, $A(x)$는 $x=1$에서 미분가능한 함수이므로

$$\lim_{x\to1}\frac{f(x)-f(1)}{x-1}\le\lim_{x\to1}\frac{A(x)-A(1)}{x-1}\iff f'(1)\le A'(1)$$

이다.

따라서, $f'(1)=A'(1)$이고, $A'(x)=3x^2-6x+2$이므로 $f'(1)=-1$이다.

[다른 풀이]

$q(x)=f(x)-A(x)$라 하면 $0<x<3.5$에서 $f(x)\ge A(x)$이므로 $q(x)\ge0$이다.

그런데, $f(1)=A(1)=8$이므로 $q(1)=0$이고, $q(x)$는 $x=1$에서 최소이자 극소이다.

$0<x<3.5$에서 $f(x)$, $A(x)$가 미분가능한 함수이므로 $q(x)$도 미분가능한 함수이고, $q'(1)=0$이다.

$q'(x)=f'(x)-A'(x)$이므로

$q'(1)=f'(1)-A'(1)=0 \iff f'(1)=A'(1)$

이고, $A'(x)=3x^2-6x+2$이므로 $f'(1)=-1$이다.

1-iii

[착상]

① 주어진 극한이 존재하므로 (분모)$\to0$이면 (분자)$\to0$이다.

② $x=a$ 부근에서 $g(x)\le D(x)\le A(x)\le f(x)$이고 $g(a)=D(a)=A(a)=f(a)$이면
$g'(a)=D'(a)=A'(a)=f'(a)$.

[풀이]

주어진 극한값이 존재하고 분모가 0에 가까워지므로 분자도 0에 가까워진다. $f(x)$, $g(x)$는 미분가능한 함수이므로 연속함수이고

$$\lim_{h\to0}\{f(a+3h)-g(a+5h)\}=0\iff f(a)-g(a)=0\iff f(a)=g(a)$$

이다. 1-i에서 $0<x<3.5$일 때 $f(x)=g(x)$인 $x=2$이므로 $a=2$이다. 이때,

$$\lim_{h\to0}\frac{f(a+3h)-g(a+5h)}{h}$$
$$=\lim_{h\to0}\frac{\{f(2+3h)-f(2)\}-\{g(2+5h)-g(2)\}}{h}$$
$$=\lim_{h\to0}\frac{f(2+3h)-f(2)}{3h}\cdot3-\lim_{h\to0}\frac{g(2+5h)-g(2)}{5h}\cdot5$$
$$=3f'(2)-5g'(2)$$

이다.

1-i의 풀이에서 $0<x<3.5$인 모든 x에 대해 $g(x)\le D(x)\le A(x)\le f(x)$이므로

$g(2)=A(2)=D(2)=f(2)$

이고, 1-ii와 같은 방법으로 하면

$g'(2)=A'(2)$, $f'(2)=D'(2)$

이다.

$A'(x)=3x^2-6x+2$, $D'(x)=-2x+6$

이므로

$A'(2)=E'(2)=2$

이고, 구하는 극한값은 -4이다.

1-iv

[착상]

① 주어진 조건과 요구가 1-iii과 유사하므로 같은 방법으로 생각해본다.

② $f(b)=g(b)+22$이므로 $C(x)+22 \le g(x)+22 \le f(x) \le B(x)$를 이용한다.

[풀이]

주어진 극한값이 존재하고 분모가 0에 가까워지므로 분자도 0에 가까워진다. $f(x)$, $g(x)$는 미분가능한 함수이므로 연속함수이고

$$\lim_{h\to 0}\{f(b+4h)-g(b-3h)-22\}=0 \Leftrightarrow f(b)-g(b)-22=0 \Leftrightarrow f(b)=g(b)+22$$

이다. $0<x<3.5$일 때 $f(x)=g(x)+22$인 x가 존재하는지 알아보자.

$r(x)=B(x)-C(x)$라 하면

$r(x)=-x^4+8x^3-22x^2+24x+13$,

$r'(x)=-4x^3+24x^2-44x+24=-4(x-1)(x-2)(x-3)$

이므로 $r(x)$의 증감표는 다음과 같다.

x	0	$\cdots$	1	$\cdots$	2	$\cdots$	3	$\cdots$	3.5
$r'(x)$		+	0	−	0	+	0	−	
$r(x)$		↗	극대	↘	극소	↗	극대	↘	

$r(1)=22$, $r(3)=22$이므로 $r(x)$의 최댓값은 22이다.

따라서, $f(b)=g(b)+22$일 때 $b=1$ 또는 $b=3$이다. 이때,

$$\lim_{h\to 0}\frac{f(b+4h)-g(b-3h)-22}{h}$$

$$=\lim_{h\to 0}\frac{f(b+4h)-g(b-3h)-\{f(b)-g(b)\}}{h}$$

$$=\lim_{h\to 0}\frac{\{f(b+4h)-f(b)\}-\{g(b-3h)-g(b)\}}{h}$$

$$=\lim_{h\to 0}\frac{f(b+4h)-f(b)}{4h}\cdot 4+\lim_{h\to 0}\frac{g(b-3h)-g(b)}{-3h}\cdot 3$$

$$=4f'(b)+3g'(b)$$

이다.

1-i의 풀이에서 $0<x<3.5$인 모든 x에 대해 $C(x)+22 \le g(x)+22 \le f(x) \le B(x)$이므로

$C(b)+22=g(b)+22=f(b)=B(b)$

이고, 1-ii와 같은 방법으로 하면

$C'(b)=g'(b)=f'(b)=B'(b)$

이다.

$B'(x)=-4x^3+24x^2-44x+25$, $C'(x)=1$

이므로

$b=1$ 또는 3이고, 구하는 극한값은 어느 경우에나 7이다.

2-i

[착상]

① 도형문제이므로 주어진 규칙에 따라 작도해본다.

② 원주각의 성질을 이용한다.

[풀이]

주어진 규칙에 따라 점 $P_0, P_1, P_2, \cdots, P_9$를 작도하면 오른쪽 그림과 같다.

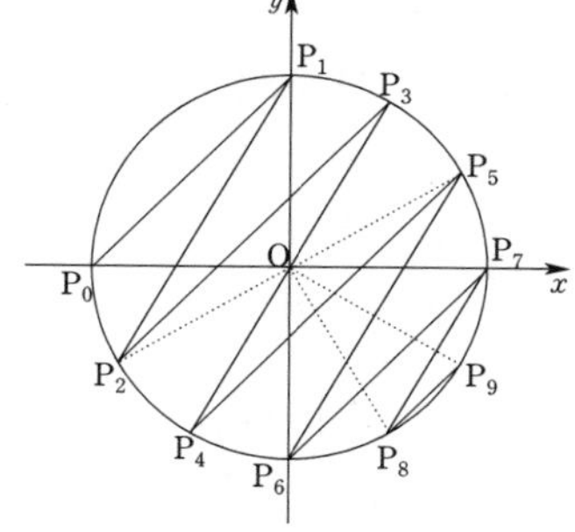

따라서, $0 \le n \le 7$인 정수 n에 대하여 $\angle P_nP_{n+1}P_{n+2}$는 두 직선 P_nP_{n+1}과 $P_{n+1}P_{n+2}$가 이루는 예각이다. 두 직선 P_nP_{n+1}과 $P_{n+1}P_{n+2}$가 x축의 양의 방향과 이루는 각은 각각 $\frac{\pi}{3}$와 $\frac{\pi}{4}$이거나 $\frac{\pi}{4}$와 $\frac{\pi}{3}$이므로

$$\angle P_nP_{n+1}P_{n+2} = \frac{\pi}{3} - \frac{\pi}{4} = \frac{\pi}{12}$$

이다.

중심각은 원주각의 2배이므로

$$\angle P_nOP_{n+2} = 2 \times \angle P_nP_{n+1}P_{n+2} = 2 \times \frac{\pi}{12} = \frac{\pi}{6}$$

이다. 따라서, 호 P_nP_{n+2}의 길이는 항상 일정하다.

주어진 원의 반지름의 길이는 1이므로 호 P_nP_{n+2}의 길이는

$$1 \cdot \frac{\pi}{6} = \frac{\pi}{6}$$

이다.

2-ii

[착상]

① 2-i의 그림에 이어 계속 작도하면 주기성을 확인할 수 있다.

② 항상 $\angle P_nOP_{n+2} = \frac{\pi}{6}$가 성립한다면 점열 $\{P_n\}$의 주기는 쉽게 구할 수 있다.

[풀이]

음이 아닌 임의의 정수 n에 대하여

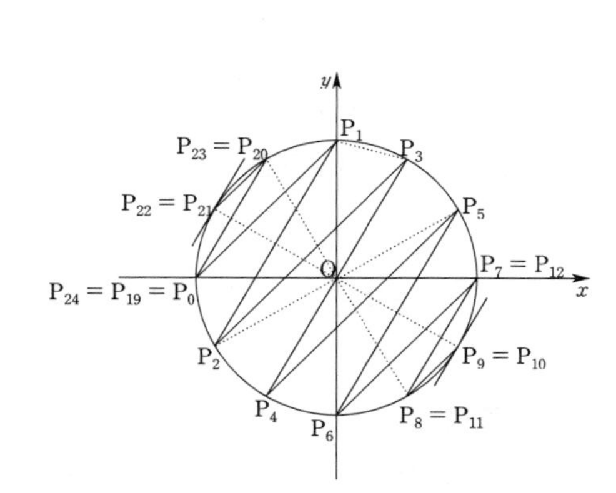

① 세 점 P_n, P_{n+1}, P_{n+2}가 모두 서로 다를 때

$$\angle P_nP_{n+1}P_{n+2} = \frac{\pi}{3} - \frac{\pi}{4} = \frac{\pi}{12}$$

이므로 원주각의 성질에 의해 $\angle P_nOP_{n+2} = \frac{\pi}{6}$이다.

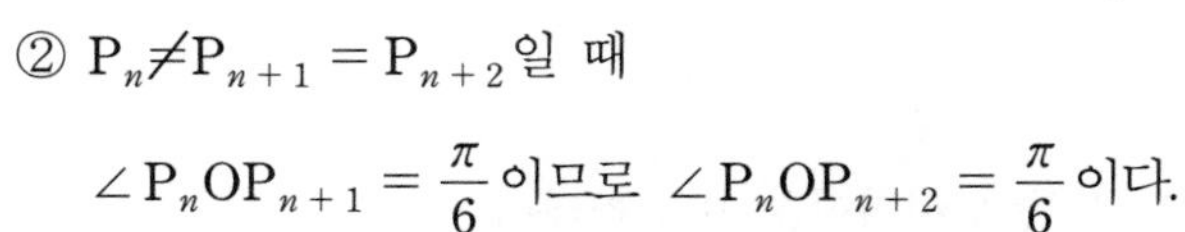

② $P_n \ne P_{n+1} = P_{n+2}$일 때

$\angle P_nOP_{n+1} = \frac{\pi}{6}$이므로 $\angle P_nOP_{n+2} = \frac{\pi}{6}$이다.

③ $P_n = P_{n+1} \ne P_{n+2}$일 때

$\angle P_{n+1}OP_{n+2} = \frac{\pi}{6}$이므로 $\angle P_nOP_{n+2} = \frac{\pi}{6}$이다.

따라서, 항상 $\angle P_nOP_{n+2} = \frac{\pi}{6}$이다.

또, 점 P_0, P_2, P_4, $\cdots$, P_{22}는 이 순서로 시계반대방향으로 배열되고, P_1, P_3, P_5, $\cdots$, P_{23}은 이 순서로 시계방향으로 배열되므로 점열 $\{P_n\}$은 주기성을 띤다.

원주의 중심각의 크기는 2π이고,

$$2\pi = 12 \times \frac{\pi}{6} = 12 \times \angle P_nOP_{n+2}$$

이므로 점열 $\{P_n\}$의 주기는 $2 \times 12 = 24$이다.

$$2024 = 24 \times 84 + 8$$

이므로

$$P_{2024} = P_8$$

이고, 구하는 좌표는

$$\left(\cos\left(-\frac{\pi}{3}\right),\ \sin\left(-\frac{\pi}{3}\right)\right) = \left(\frac{1}{2},\ -\frac{\sqrt{3}}{2}\right)$$

이다.

2-iii

[착상]

① 점열 $\{P_n\}$의 주기성과 대칭성을 이용하면 비교대상은 크게 줄어든다.

② 비교대상인 삼각형들의 넓이를 직접 구해서 비교하기보다 나눗셈을 이용하여 최대인 경우를 알아낸 뒤 최댓값만 직접 계산하는 것이 좋다.

[풀이]

점열 $\{P_n\}$의 주기성과 원점에 대한 대칭성을 고려하고, 직관적으로 판단하면 $A(n)$의 최댓값은 $\Delta P_1P_2P_3$과 $\Delta P_2P_3P_4$ 중 큰 쪽이다.

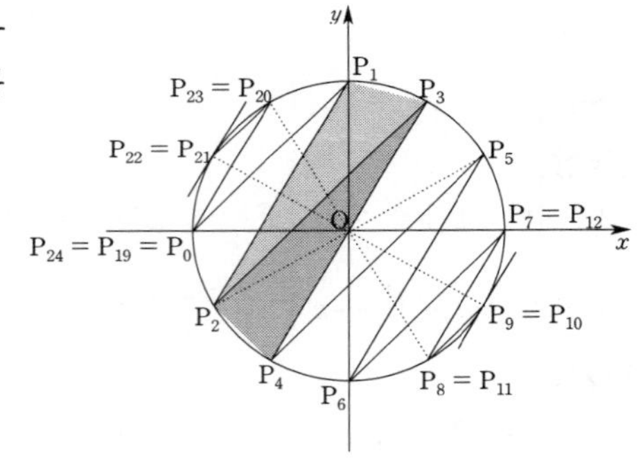

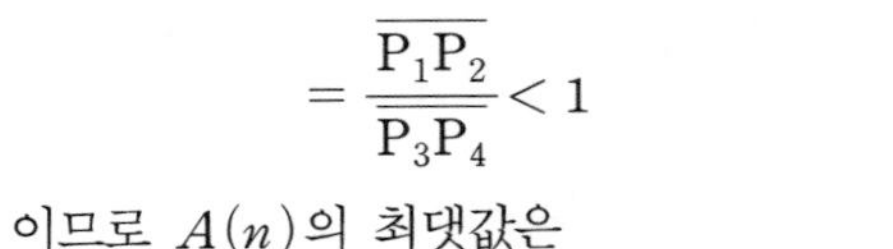

$$\frac{\Delta P_1P_2P_3}{\Delta P_2P_3P_4} = \frac{\frac{1}{2}\cdot\overline{P_1P_2}\cdot\overline{P_2P_3}\cdot\sin\angle P_1P_2P_3}{\frac{1}{2}\cdot\overline{P_2P_3}\cdot\overline{P_3P_4}\cdot\sin\angle P_2P_3P_4}$$

$$= \frac{\overline{P_1P_2}}{\overline{P_3P_4}} < 1$$

이므로 $A(n)$의 최댓값은

$$\Delta P_2P_3P_4 = 2 \times \Delta OP_2P_4$$

$$= 2 \times \frac{1}{2}\cdot 1 \cdot 1 \cdot \sin\frac{\pi}{6} = \frac{1}{2}$$

이다.

[다른 풀이]

사각형 $P_1P_2P_4P_3$은 $P_1P_2 /\!/ P_3P_4$이고 $\overline{P_1P_3} = \overline{P_2P_4}$인 등변사다리꼴이다. 따라서,

$$\Delta P_1P_2P_3 < \Delta P_1P_4P_3 = \Delta P_2P_3P_4$$

이다.

3-i

[착상]

① 등차수열의 합은 an^2+bn꼴이다. 곧, 상수항이 0인 n에 관한 이차식이다.

② 미분가능한 함수 $h(x)$의 수식은 구간 $[0,\ 6]$에서만 제시되어 있고, 그 이외의 구간에서는 6 간격으로 다른 수식을 써야 한다. 따라서, $x=6$에서 연속이고 미분가능하다는 점을 이용하면 좌극한과 우극한이 서로 같다고 둘 수 있다. 좌극한과 우극한을 나누어 따지지 않고 수능문제 풀듯이 그냥 미분계수를 구해 쓰면 감점 위험이 있다.

[풀이]

$$f(x)=g'(x)=3x^2+2Ax+B$$

이고,

$$S_n=f(n)=3n^2+2An+B$$

이다. 등차수열 $\{a_n\}$의 첫째항을 a, 공차를 d라 하면

$$S_n=\frac{n\{2a+(n-1)d\}}{2}$$

이므로 $B=0$이다.

$h(x+6)=h(x)+h(6)$에서 $x=0$을 대입하면

$$h(6)=h(0)+h(6)\ \Leftrightarrow\ h(0)=0$$

이고, $0\le x\le 6$에서 $h(x)=g(x)$이므로

$$h(0)=g(0)=C=0$$

이다.

이를 대입하면 $g(x)=x^3+Ax^2$이다.

또, $h(x)$는 $x=6$에서 미분가능하므로

$$\lim_{x\to 6-}\frac{h(x)-h(6)}{x-6}=\lim_{x\to 6+}\frac{h(x)-h(6)}{x-6}$$

이다.

좌변에서 $h(x)=g(x)$이고, $g(x)$는 미분가능한 함수이므로 (좌변)$=g'(6)$이다.

우변에서 $x=t+6$이라 두면

$$(\text{우변})=\lim_{t\to 0+}\frac{h(t+6)-h(6)}{t}=\lim_{t\to 0+}\frac{h(t)}{t}=\lim_{t\to 0+}\frac{g(t)}{t}=\lim_{t\to 0+}\frac{g(t)-g(0)}{t}=g'(0)$$

이다.

$g'(x)=3x^2+2Ax$이므로

$$g'(6)=g'(0)\ \Leftrightarrow\ 108+12A=0\ \Leftrightarrow\ A=-9$$

이고, $g(x)=x^3-9x^2$이다.

따라서,

$$\begin{aligned}\int_0^8 h(x)dx&=\int_0^6 h(x)dx+\int_6^8 h(x)dx\\&=\int_0^6 g(x)dx+\int_0^2 h(x+6)dx\\&=\int_0^6 (x^3-9x^2)dx+\int_0^2 \{h(x)+h(6)\}dx\end{aligned}$$

$$= \left[\frac{x^4}{4} - 3x^3\right]_0^6 + \int_0^2 g(x)dx + 2g(6)$$

$$= \frac{6^4}{4} - 3\cdot 6^3 + \left[\frac{x^4}{4} - 3x^3\right]_0^2 + 2\cdot(6^3 - 9\cdot 6^2)$$

$$= 324 - 648 + 4 - 24 + 2(216 - 324) = -560$$

이다.

3-ii

[착상]

① 정수 조건이 있고 식의 개수가 미지수의 개수보다 적은 부정방정식이다.

② 두 미지수로 이루어진 정수 조건의 이차방정식은 인수분해나 분수식을 이용하여 풀이할 수 있는 경우가 많으며 판별식을 쓸 수도 있다.

③ 공통근 문제로 볼 수도 있다. 공통근을 갖는 이차방정식이나 삼차방정식은 흔히 최고차항이나 상수항을 소거하여 풀이한다.

④ 이차방정식과 삼차방정식의 근과 계수의 관계를 이용하여 다룰 수도 있다.

[풀이]

이차방정식 $f(x)=0$의 임의의 실근을 t라 하면

$$pt^2 + qt + r = 0 \iff r = -pt^2 - qt$$

이다. t는 삼차방정식 $g(x) = x^3 + qx^2 + px + r = 0$의 근이므로

$$t^3 + qt^2 + pt + r = 0 \iff t^3 + qt^2 + pt - pt^2 - qt = 0 \iff t^3 + (q-p)t^2 + (p-q)t = 0$$

이다. $t=0$이면 $r=0$이 되어 주어진 조건과 맞지 않으므로 $t \neq 0$이고,

$$t^2 + (q-p)t + (p-q) = 0 \iff pt^2 + p(q-p)t + p(p-q) = 0 \iff pt^2 + qt + r = 0 \quad \cdots ①$$

이다. 따라서,

$$p(q-p) = q \iff (p-1)q = p^2$$

이고 $p=1$이면 모순이므로 $p \neq 1$이고

$$q = \frac{p^2}{p-1} = \frac{(p^2-1)+1}{p-1} = p+1+\frac{1}{p-1}$$

에서 q가 정수이므로 $p-1=\pm 1$이다. 그런데, $p \neq 0$이므로 $p=2$이고 이때, $q=4$이다.

또, ①에서 $r = p(p-q) = -4$이다.

따라서,

$$f(x) - g(x) = (2x^2 + 4x - 4) - (x^3 + 4x^2 + 2x - 4) = -x(x^2 + 2x - 2)$$

이고, $f(x) = 2(x^2 + 2x - 2) = 2(x-\alpha)(x-\beta)$이므로

$$f(x) - g(x) = -x(x-\alpha)(x-\beta)$$

이다.

$$\int_\alpha^\beta |f(x) - g(x)|dx = \int_\alpha^\beta |x(x-\alpha)(x-\beta)|dx$$

에서 $\alpha < 0 < \beta$이고, 구간 $[\alpha,\ \beta]$에서 함수 $y = (x-\alpha)(x-\beta)$의 그래프를 생각하면 $(x-\alpha)(x-\beta) \leq 0$이므로

$$(\text{준식}) = \int_\alpha^0 x(x-\alpha)(x-\beta)dx - \int_0^\beta x(x-\alpha)(x-\beta)dx$$

$$=-\int_0^{\alpha}\{x^3-(\alpha+\beta)x^2+\alpha\beta x\}dx-\int_0^{\beta}\{x^3-(\alpha+\beta)x^2+\alpha\beta x\}dx$$

$$=-\frac{1}{4}(\alpha^4+\beta^4)+\frac{1}{3}(\alpha+\beta)(\alpha^3+\beta^3)-\frac{1}{2}\alpha\beta(\alpha^2+\beta^2)$$

이다. 여기서,

$\alpha+\beta=-2,\ \alpha\beta=-2,$

$\alpha^2+\beta^2=(\alpha+\beta)^2-2\alpha\beta=8,$

$\alpha^3+\beta^3=(\alpha+\beta)^3-3\alpha\beta(\alpha+\beta)=-20,$

$\alpha^4+\beta^4=(\alpha^2+\beta^2)^2-2\alpha^2\beta^2=56$

이므로

$(\text{준식})=-14+\dfrac{40}{3}+8=\dfrac{22}{3}$

이다.

[다른 풀이]

$f(x)=p(x-\alpha)(x-\beta),$

$g(x)=(x-\alpha)(x-\beta)(x-\gamma)$

라 두면

$f(x)=px^2-p(\alpha+\beta)x+p\alpha\beta,$

$g(x)=x^3-(\alpha+\beta+\gamma)x^2+(\alpha\beta+\beta\gamma+\gamma\alpha)x-\alpha\beta\gamma$

이다. 따라서

$A=q \iff -(\alpha+\beta+\gamma)=-p(\alpha+\beta)$ $\cdots$①,

$B=p \iff \alpha\beta+\beta\gamma+\gamma\alpha=p$ $\cdots$②,

$C=r \iff -\alpha\beta\gamma=p\alpha\beta$ $\cdots$③

이다.

③에서 $r\neq 0$이므로 $\alpha\beta=\dfrac{r}{p}\neq 0$이고,

$-\alpha\beta\gamma=p\alpha\beta \iff \gamma=-p$

이다. 이를 ①, ②에 대입하면

$-(\alpha+\beta-p)=-p(\alpha+\beta),\ \alpha\beta-p(\alpha+\beta)=p$

이고, $\alpha+\beta=-\dfrac{q}{p},\ \alpha\beta=\dfrac{r}{p}$이므로

$\dfrac{q}{p}+p=q,\ \dfrac{r}{p}+q=p \iff q(p-1)=p^2,\ r=p(p-q)$

이다.

3-iii

[착상]

① 계산의 편의를 위해 C를 적절히 치환한다.

② 삼차함수에서 극댓값이 양수, 극솟값이 음수인 조건은 두 극값의 곱이 음수인 조건과 동치이다.

③ 극값의 부호 조건을 이용하여 A, B의 값이 가지는 두 가지 경우 중 하나가 배제될 것으로 예상할 수 있다. 그렇지 않고 두 가지 경우에 대한 계산을 완료한 뒤 적합성을 따진다면 불필요한 계산을 매우 많이 수행해야 한다. 계산이 잘 안 될 수도 있고.

[풀이]

$C=-k^2$ (단, $k>0$)이라 하면

$$x^2+9C=0 \iff x^2=9k^2 \iff x=\pm 3k$$

이다.

i) $A=3k$, $B=-3k$일 때

$$g(x)=x^3+3kx^2-3kx-k^2,$$
$$g'(x)=3x^2+6kx-3k=3(x^2+2kx-k)$$

이고, $g'(x)=0$에서 $\frac{D}{4}=9k^2+9k>0$이므로 $g'(x)=0$은 서로 다른 두 실근을 갖는다.

이를 u, v (단, $u<v$)라 하면 증감표는 오른쪽과 같다.

x	$\cdots$	u	$\cdots$	v	$\cdots$
$g'(x)$	$+$	0	$-$	0	$+$
$g(x)$	↗	극대	↘	극소	↗

극댓값과 극솟값의 곱의 부호를 따져보자.

$$g(x)=(x^2+2kx-k)(x+k)+(-2k^2-2k)x$$

이고, u, v는 $x^2+2kx-k=0$의 두 실근이므로

$$g(u)g(v)=(-2k^2-2k)u\cdot(-2k^2-2k)v=-k(-2k^2-2k)^2<0$$

이다. 따라서, 극댓값은 양수이고 극솟값은 음수이다.

이때, 극댓값과 극솟값의 차는

$$\begin{aligned} g(u)-g(v)&=(u^3-v^3)+3k(u^2-v^2)-3k(u-v) \\ &=(u-v)\{(u^2+uv+v^2)+3k(u+v)-3k\} \end{aligned}$$

이다. 여기서, $u+v=-2k$, $uv=-k$이므로

$$u-v=-|u-v|=-\sqrt{(u-v)^2}=-\sqrt{(u+v)^2-4uv}=-\sqrt{4k^2+4k},$$
$$u^2+uv+v^2=(u+v)^2-uv=4k^2+k$$

이고,

$$-\sqrt{4k^2+4k}\{(4k^2+k)-6k^2-3k\}=24\sqrt{6}$$
$$\iff \sqrt{k^2+k}(k^2+k)=6\sqrt{6}$$
$$\iff k^2+k=6$$

이므로 양수 $k=2$이고, $A=3k=6$이다.

ii) $A=-3k$, $B=3k$일 때

$$g(x)=x^3-3kx^2+3kx-k^2,$$
$$g'(x)=3x^2-6kx+3k=3(x^2-2kx+k)$$

이고, $g'(x)=0$에서 $\frac{D}{4}=9k^2-9k>0$이므로 $g(x)$가 극값을 가지려면 양수 $k>1$이어야 한다.

이때, $g'(x)=0$의 두 실근을 s, t (단, $s<t$)라 하면 증감표는 오른쪽과 같다.

x	$\cdots$	s	$\cdots$	t	$\cdots$
$g'(x)$	$+$	0	$-$	0	$+$
$g(x)$	↗	극대	↘	극소	↗

극댓값과 극솟값의 곱의 부호를 따져보자.

$$g(x)=(x^2-2kx+k)(x-k)+(-2k^2+2k)x$$

이므로

$$g(s)g(t)=(-2k^2+2k)s\cdot(-2k^2+2k)t=k(-2k^2+2k)^2>0$$

이고, 극댓값과 극솟값의 부호는 서로 같다. 이는 주어진 조건에 어긋난다.

이상에서 구하는 $A=6$이다.

[다른 풀이]

A, B가 이차방정식 $x^2+9C=0$의 두 근이므로

$$A+B=0 \Leftrightarrow B=-A$$

이고,

$$AB=9C \Leftrightarrow C=-\frac{A^2}{9}$$

이다. 이때,

$$g(x)=x^3+Ax^2-Ax-\frac{A^2}{9},$$

$$g'(x)=3x^2+2Ax-A$$

이고, $g(x)$가 극값을 가지므로

$$\frac{D}{4}=A^2+3A>0$$

이어야 한다. 이때,

$$g'(x)=0 \Leftrightarrow x^2+\frac{2A}{3}x-\frac{A}{3}=0$$

의 두 근을 m, n (단, $m<n$)이라 하면 $g(x)$는 $x=m$에서 극대, $x=n$에서 극소이다.

$$g(x)=\left(x^2+\frac{2A}{3}x-\frac{A}{3}\right)\left(x+\frac{A}{3}\right)-\left(\frac{2A^2}{9}+\frac{2A}{3}\right)x$$

이고, 두 극값의 부호가 서로 다르므로

$$g(m)g(n)=\left(\frac{2A^2}{9}+\frac{2A}{3}\right)^2 mn<0 \Leftrightarrow mn=-\frac{A}{3}<0 \Leftrightarrow A>0$$

이다. 이때, 두 극값의 차는

$$g(m)-g(n)=-\left(\frac{2A^2}{9}+\frac{2A}{3}\right)(m-n)=24\sqrt{6}$$

이다. 여기서, $m+n=-\dfrac{2A}{3}$, $mn=-\dfrac{A}{3}$이므로

$$-(m-n)=\sqrt{(m-n)^2}=\sqrt{(m+n)^2-4mn}=\sqrt{\frac{4A^2}{9}+\frac{4A}{3}}$$

이다. 따라서,

$$\left(\frac{2A^2}{9}+\frac{2A}{3}\right)\sqrt{\frac{4A^2}{9}+\frac{4A}{3}}=24\sqrt{6}$$

$$\Leftrightarrow \left(\sqrt{\frac{2A^2}{9}+\frac{2A}{3}}\right)^3=24\sqrt{3}=(2\sqrt{3})^3$$

$\Leftrightarrow \sqrt{\frac{2A^2}{9}+\frac{2A}{3}}=2\sqrt{3}$

$\Leftrightarrow \frac{2A^2}{9}+\frac{2A}{3}=12$

$\Leftrightarrow A^2+3A-54=0$

$\Leftrightarrow (A-6)(x+9)=0$

에서 구하는 $A=6$이다.

■ 성균관대 자연계 2024학년도 과학인재 구술

1-i

[착상]

① 좌표가 주어졌으므로 좌표계를 그려넣어 생각하는 것이 편리하다.

② $\angle \mathrm{AOC}$가 일정하므로 $\angle \mathrm{ABC}$와 $\overline{\mathrm{AC}}$도 일정하다.

③ 중심각과 원주각의 관계, 삼각형의 내각의 합과 외각의 관계, 평행선의 동위각이나 엇각, 동측내각의 성질 등을 이용할 수 있다.

[풀이]

오른쪽 그림에서 생각하자.

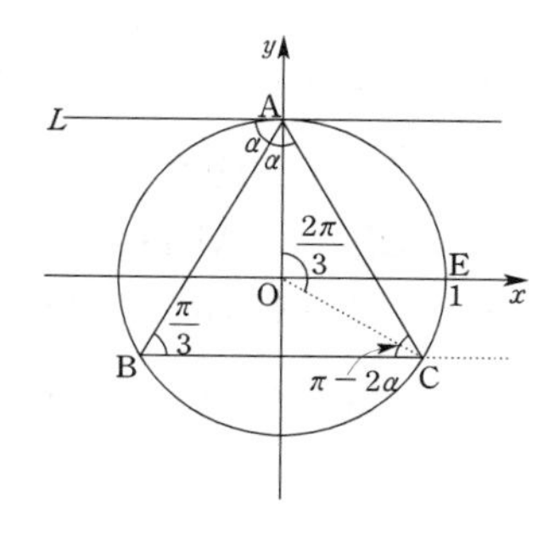

점 E의 좌표를 $(1,\ 0)$이라 하면 $\mathrm{A}(0,\ 1)$이므로 $\angle \mathrm{EOA} = \dfrac{\pi}{2}$이고,

$\mathrm{C}\left(\dfrac{\sqrt{3}}{2},\ -\dfrac{1}{2}\right)$이므로 $\angle \mathrm{EOC} = \dfrac{\pi}{6}$이다. 따라서,

$$\angle \mathrm{AOC} = \frac{\pi}{2} + \frac{\pi}{6} = \frac{2\pi}{3}$$

이고, 원주각은 중심각의 $\dfrac{1}{2}$이므로

$$\angle \mathrm{ABC} = \frac{1}{2} \cdot \angle \mathrm{AOC} = \frac{\pi}{3}$$

이다.

또, $L /\!/ \mathrm{BC}$이고, 평행선의 엇각은 서로 같으므로 $\alpha = \dfrac{\pi}{3}$이다.

[다른 풀이]

평행선의 동측내각의 성질에 의해 $\angle \mathrm{ACB} = \pi - 2\alpha$이다.

따라서, 삼각형 ABC의 내각의 합을 이용하면

$$\alpha + \frac{\pi}{3} + (\pi - 2\alpha) = \pi \iff \alpha = \frac{\pi}{3}$$

이다.

1–ii

[착상]

① 1–i의 방법을 이용한다.

② 선분의 길이는 흔히 사인법칙, 코사인법칙으로 다룬다. 이 문제의 경우 $\overline{AC}$ 밖에 모르므로 코사인법칙을 쓰기는 어렵다.

[풀이]

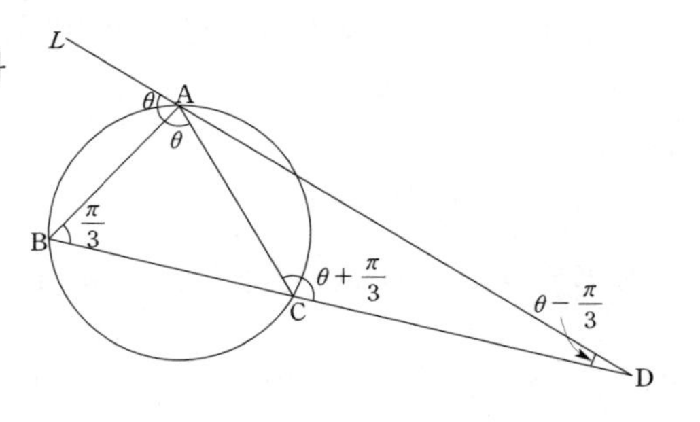

1–i에서 $\angle ABC=\frac{\pi}{3}$ 이고, 삼각형의 두 내각의 합은 외각과 같으므로 삼각형 ABC에서

$$\angle ACD=\angle BAC+\angle ABC=\theta+\frac{\pi}{3}$$

이고, 삼각형 ABD에서

$$\angle ADB+\angle ABD=\theta$$

$$\Leftrightarrow\ \angle ADB=\theta-\angle ABD$$

$$\Leftrightarrow\ \angle ADC=\theta-\angle ABC=\theta-\frac{\pi}{3}$$

이다.

따라서, 삼각형 ACD에서 사인법칙을 쓰면

$$\frac{\overline{AD}}{\sin\angle ACD}=\frac{\overline{AC}}{\sin\angle ADC}$$

이고, $\overline{AD}=f(\theta)$, $\overline{AC}=\sqrt{3}$ 이므로

$$f(\theta)=\sqrt{3}\cdot\frac{\sin\left(\theta+\frac{\pi}{3}\right)}{\sin\left(\theta-\frac{\pi}{3}\right)}=\sqrt{3}\cdot\frac{\sin\theta+\sqrt{3}\cos\theta}{\sin\theta-\sqrt{3}\cos\theta}=\frac{\sqrt{3}\sin\theta+3\cos\theta}{\sin\theta-\sqrt{3}\cos\theta}$$

이다.

■ 성균관대 자연계 2024학년도 모의논술

1-i

곡선 $y=x-x^2$을 미분하면 $y'=1-2x$이므로, $k=0$일 때 점 $\mathrm{P}(0,\ 0)$에서 곡선 $y=x-x^2$에 그은 접선 l의 방정식은 $y=x$이다. 또, 직선 l과 곡선 $y=x^2-x$가 제1사분면에서 만나는 점은 $\mathrm{Q}(2,\ 0)$이므로

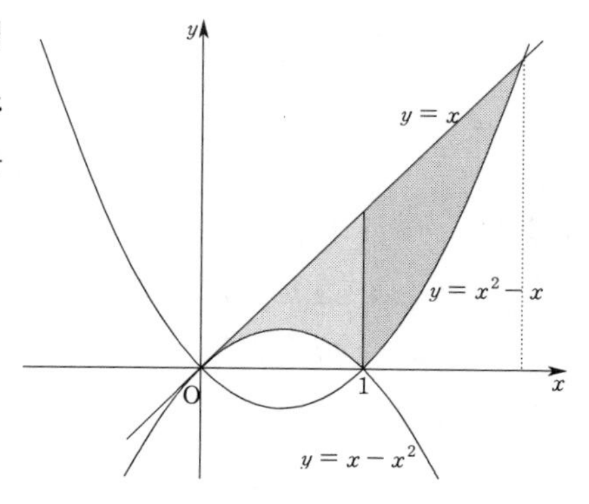

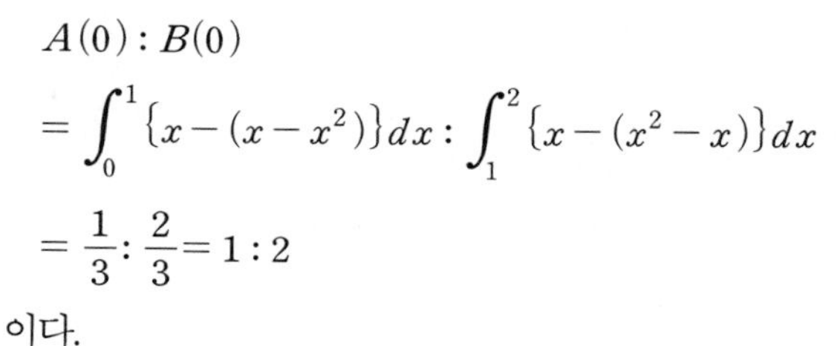

$$A(0):B(0)$$
$$=\int_0^1 \{x-(x-x^2)\}dx : \int_1^2 \{x-(x^2-x)\}dx$$
$$=\frac{1}{3}:\frac{2}{3}=1:2$$

이다.

1-ii

점 $\mathrm{P}(k,\ k-k^2)$에서 곡선 $y=x-x^2$에 그은 접선 l의 방정식은

$$y-(k-k^2)=(1-2k)(x-k) \iff y=(1-2k)x+k^2$$

이다. 접선 l과 곡선 $y=x^2-x$가 만나는 점의 x좌표를 $\alpha,\ \alpha'$라 하면

$$x^2-x=(1-2k)x+k^2 \iff x^2+2(k-1)x-k^2=0 \iff (x-\alpha)(x-\alpha')=0$$

이다. 이때,

$$B(k)=\int_1^\alpha [\{(1-2k)x+k^2\}-(x^2-x)]dx$$
$$=\int_1^\alpha -(x-\alpha)(x-\alpha')dx$$
$$=\left[-\frac{1}{2}(x-\alpha)^2(x-\alpha')\right]_1^\alpha+\frac{1}{2}\int_1^\alpha (x-\alpha)^2dx$$
$$=\frac{1}{2}(1-\alpha)^2(1-\alpha')+\frac{1}{6}\left[(x-\alpha)^3\right]_1^\alpha$$
$$=\frac{1}{2}(1-\alpha)\{1+2(k-1)-k^2\}-\frac{1}{6}(1-\alpha)^3$$
$$=\frac{1}{2}(\alpha-1)(k-1)^2-\frac{1}{6}(1-\alpha)^3$$
$$=\frac{1}{6}(\alpha-1)\{3(k-1)^2+(\alpha-1)^2\}$$

이다.

[다른 풀이]

$$B(k)=\int_1^{\alpha}[\{(1-2k)x+k^2\}-(x^2-x)]\,dx$$
$$=(1-k)(\alpha^2-1)+k^2(\alpha-1)-\frac{1}{3}(\alpha^3-1)$$
$$=(\alpha-1)\left\{k^2-k(\alpha+1)-\frac{1}{3}(\alpha^2-2\alpha-2)\right\}.$$

[참고]

α는 $x^2+2(k-1)x-k^2=0$의 근이므로

$$\alpha^2+2(k-1)\alpha-k^2=0 \iff k^2=\alpha^2+2(k-1)\alpha$$

이다. 이를 이용하면

$$B(k)=(\alpha-1)\left\{\frac{1}{2}(k-1)^2+\frac{1}{6}(\alpha-1)^2\right\}$$
$$=(\alpha-1)\left\{\left(k^2-\frac{1}{2}k^2-k+\frac{1}{2}\right)+\frac{1}{6}(\alpha-1)^2\right\}$$
$$=(\alpha-1)\left[k^2-\frac{1}{2}\{\alpha^2+2(k-1)\alpha\}-k+\frac{1}{2}+\frac{1}{6}(\alpha-1)^2\right]$$
$$=(\alpha-1)\left\{k^2-k(\alpha+1)-\frac{1}{3}(\alpha^2-2\alpha-2)\right\}$$

이다.

1-iii

α는 $x^2+2(k-1)x-k^2=0$의 근이고, $\alpha>1$이므로

$$\alpha=-(k-1)+\sqrt{2k^2-2k+1} \iff \alpha-1=-k+\sqrt{2k^2-2k+1}$$

이다. $k=\dfrac{1}{n}$이면

$$\alpha-1=-\frac{1}{n}+\sqrt{\frac{2}{n^2}-\frac{2}{n}+1}=\frac{\sqrt{n^2-2n+2}-1}{n}$$

이다. 따라서, 1-i의 식에 대입하면

$$B\left(\frac{1}{n}\right)=\frac{\sqrt{n^2-2n+2}-1}{6n}\left\{3\left(\frac{1}{n}-1\right)^2+\frac{(\sqrt{n^2-2n+2}-1)^2}{n^2}\right\}$$
$$=\frac{\sqrt{n^2-2n+2}-1}{6n}\cdot\frac{3(n-1)^2+(n^2-2n+3-2\sqrt{n^2-2n+2})}{n^2}$$
$$=\frac{\sqrt{n^2-2n+2}-1}{6n^3}\cdot\{(4n^2-8n+6)-2\sqrt{n^2-2n+2}\}$$

이고, 이를 전개하여 정리하면 $C+D\sqrt{n^2-2n+2}$ (C와 D는 유리수) 꼴이 된다. 이때,

$$D=\frac{(4n^2-8n+6)+2}{6n^3}=\frac{2n^2-4n+4}{3n^3}=\frac{2(n-1)^2+2}{3n^3}>0$$

이 항상 성립한다.

2-i

$A=3$, $B=1$이므로 닫힌 구간 $[1,\ 3]$에서 $f(x)=1-|x-2|$이다.

$$\int_{\frac{2}{3}}^{9} f(x)dx=\int_{\frac{2}{3}}^{1} f(x)dx+\int_{1}^{3} f(x)dx+\int_{3}^{9} f(x)dx$$

이고, $\int_{\frac{2}{3}}^{1} f(x)dx$에서 $\frac{3}{2}x=t \Leftrightarrow x=\frac{2}{3}t$라 두면 $dx=\frac{2}{3}dt$이고,

$$\int_{\frac{2}{3}}^{1} f(x)dx=\int_{1}^{\frac{3}{2}} f\left(\frac{2}{3}t\right)\cdot\frac{2}{3}dt=\frac{4}{9}\int_{1}^{\frac{3}{2}} f(x)dx$$

이다. 또, $\int_{3}^{9} f(x)dx$에서 $\frac{1}{3}x=s \Leftrightarrow x=3s$라 두면 $dx=3ds$이고,

$$\int_{3}^{9} f(x)dx=\int_{1}^{3} f(3s)\cdot 3ds=9\int_{1}^{3} f(x)dx$$

이다. 따라서,

$$\int_{\frac{2}{3}}^{9} f(x)dx=\frac{4}{9}\int_{1}^{\frac{3}{2}} f(x)dx+10\int_{1}^{3} f(x)dx$$

이고, 구간 $\left[1,\ \frac{3}{2}\right]$ 및 $[1,\ 3]$에서 $y=f(x)$와 x축 사이의 넓이를 이용하면

$$\int_{\frac{2}{3}}^{9} f(x)dx=\frac{4}{9}\times\frac{1}{8}+10\times 1=\frac{181}{18}$$

이다.

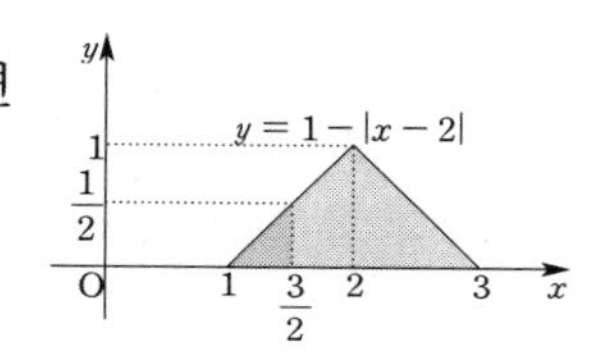

2-ii

$A=2,\ B=\frac{1}{2}$ 이므로

구간 $[1,\ 2]$에서 $f(x)=\frac{1}{2}-\left|x-\frac{3}{2}\right|$이다.

이 식을 $f(2x)=2f(x)$에 대입하면 $f(2x)=1-|2x-3|$이고, $2x$를 x로 바꾸어 쓰면

구간 $[2,\ 4]$에서 $f(x)=1-|x-3|$이다.

또, 이 식을 $f(2x)=2f(x)$에 대입하면 $f(2x)=2-|2x-6|$이고, $2x$를 x로 바꾸어 쓰면

구간 $[4,\ 8]$에서 $f(x)=2-|x-6|$이다.

같은 방법으로 계속하면

구간 $[8,\ 16]$에서 $f(x)=4-|x-12|$,

구간 $[16,\ 32]$에서 $f(x)=8-|x-24|$,

구간 $[32,\ 64]$에서 $f(x)=16-|x-48|$,

구간 $[64,\ 128]$에서 $f(x)=32-|x-96|$이다.

또, 구간 $[1,\ 2]$에서 $f(x)=\frac{1}{2}-\left|x-\frac{3}{2}\right|$이고, 이 식을 $f\left(\frac{1}{2}x\right)=\frac{1}{2}f(x)$에 대입하면

$f\left(\frac{1}{2}x\right)=\frac{1}{4}-\left|\frac{1}{2}x-\frac{3}{4}\right|$이므로 $\frac{1}{2}x$를 x로 바꾸어 쓰면

구간 $\left[\frac{1}{2},\ 1\right]$에서 $f(x)=\frac{1}{4}-\left|x-\frac{3}{4}\right|$이다.

이상을 종합하면 n이 정수일 때, 구간 $[2^n,\ 2^{n+1}]$에서 $f(x)=2^{n-1}-|x-3\cdot 2^{n-1}|$이다.

따라서, 함수 $f(x)$는 $x>0$에서 연속함수이고, $x\neq 2^n,\ x\neq 3\cdot 2^n$일 때 미분가능하다. 함수 $g(x)$는 연속이고 미분가능하므로 합성함수 $(g\circ f)(x)$는 연속함수이고, $x\neq 2^n,\ x\neq 3\cdot 2^n$일 때 미분가능하다.

$g'(x)=3x^2-18x+18=3(x^2-6x+6)=3(x-\alpha)(x-\beta)$ (단, $\alpha=3-\sqrt{3},\ \beta=3+\sqrt{3}$)

라 하고, $h(x)=(g\circ f)(x)$라 하면 $x\neq 2^n,\ x\neq 3\cdot 2^n$일 때

$h'(x)=g'(f(x))f'(x)=3\{f(x)-\alpha\}\{f(x)-\beta\}f'(x)$

이다. 여기서, $h'(x)$의 부호는 $f(x)=\alpha,\ f(x)=\beta$일 때와 $x=2^n,\ x=3\cdot 2^n$ 좌우에서 바뀐다.

$f(x)$가 증가하면서 $f(x)=\alpha$인 점을 지날 때 $f(x)-\alpha$의 부호는 음에서 양으로 바뀌고, $f(x)-\beta<0$, $f'(x)=1$이므로 $h'(x)$의 부호는 양에서 음으로 바뀐다. 이때 $h(x)$는 극대이다.

$f(x)$가 감소하면서 $f(x)=\alpha$인 점을 지날 때 $f(x)-\alpha$의 부호는 양에서 음으로 바뀌고, $f(x)-\beta<0$, $f'(x)=-1$이므로 $h'(x)$의 부호는 양에서 음으로 바뀐다. 이때 $h(x)$는 극대이다.

$f(x)$가 증가하면서 $f(x)=\beta$인 점을 지날 때 $f(x)-\beta$의 부호는 음에서 양으로 바뀌고, $f(x)-\alpha>0$, $f'(x)=1$이므로 $h'(x)$의 부호는 음에서 음으로 바뀐다. 이때 $h(x)$는 극소이다.

$f(x)$가 감소하면서 $f(x)=\beta$인 점을 지날 때 $f(x)-\beta$의 부호는 양에서 음으로 바뀌고, $f(x)-\alpha>0$, $f'(x)=-1$이므로 $h'(x)$의 부호는 음에서 양으로 바뀐다. 이때 $h(x)$는 극소이다.

$x=2^n$일 때 $f(x)=0$이다. 또, $x=2^n$ 좌우에서 $\{f(x)-\alpha\}\{f(x)-\beta\}>0$이고 $f'(x)$는 -1에서 1로 바뀌므로 $h'(x)$의 부호는 음에서 양으로 바뀐다. 이때 $h(x)$는 극소이다.

$x=3\cdot 2^n$일 때 $f(x)=2^n$이다. 또, $x=3\cdot 2^n$ 좌우에서 $f'(x)$는 1에서 -1로 바뀌고,

$n\leq 0$이면 $f(x)<\alpha,\ f(x)<\beta$이므로 $\{f(x)-\alpha\}\{f(x)-\beta\}>0$이고, $h'(x)$의 부호는 양에서 음으로 바뀐다. 이때 $h(x)$는 극대이다.

$1\leq n\leq 2$이면 $f(x)>\alpha,\ f(x)<\beta$이므로 $\{f(x)-\alpha\}\{f(x)-\beta\}<0$이고, $h'(x)$의 부호는 음에

서 양으로 바뀐다. 이때 $h(x)$는 극소이다.

$n \geq 3$이면 $f(x) > \alpha$, $f(x) > \beta$이므로 $\{f(x)-\alpha\}\{f(x)-\beta\} > 0$이고, $h'(x)$의 부호는 양에서 음으로 바뀐다. 이때 $h(x)$는 극대이다.

이상에서 $h(x)$가 극소인 경우는

$f(x)=\beta$, $x=2^n$, $x=3\cdot 2^n$ (단, n은 정수)

일 때이다. $y=f(x)$의 그래프를 고려하면 $1 \leq x \leq 100$에서 $f(x)=\beta$인 경우는 구간 $[16, 32]$, $[32, 64]$에 각각 2개씩, 구간 $[64, 128]$에 1개 존재하고, $x=2^n$일 때 $0 \leq n \leq 6$, $x=3\cdot 2^n$일 때 $1 \leq n \leq 2$이다.

따라서, 구하는 a의 값의 개수는 $5+7+2=14$이다.

[다른 풀이]

i) 구간 $\left(\frac{1}{2}, 4\right)$에서 $0 \leq f(x) \leq 1$이므로 $\{f(x)-\alpha\}\{f(x)-\beta\} > 0$이다. 이때,

구간 $\left(\frac{1}{2}, \frac{3}{4}\right)$, $\left(1, \frac{3}{2}\right)$, $(2, 3)$에서 $f'(x)=1$이므로 $h'(x) > 0$이고,

구간 $\left(\frac{3}{4}, 1\right)$, $\left(\frac{3}{2}, 2\right)$, $(3, 4)$에서 $f'(x)=-1$이므로 $h'(x) < 0$이다.

따라서, $h(x)$는 $x=1$, $x=2$에서 극소이다.

ii) 구간 $(4, 6)$에서 $f(x)=x-4$이므로 $0 < f(x) < 2$이고, $f'(x)=1$이다. 이때,

구간 $4 < x < 4+\alpha$에서 $\{f(x)-\alpha\}\{f(x)-\beta\} > 0$이므로 $h'(x) > 0$이고,

구간 $4+\alpha < x < 6$에서 $\{f(x)-\alpha\}\{f(x)-\beta\} < 0$이므로 $h'(x) < 0$이다.

따라서, $h(x)$는 $x=4$에서 극소, $x=4+\alpha$에서 극대이다.

iii) 구간 $(6, 8)$에서 $f(x)=8-x$이므로 $0 < f(x) < 2$이고, $f'(x)=-1$이다. 이때,

구간 $6 < x < 8-\alpha$에서 $\{f(x)-\alpha\}\{f(x)-\beta\} < 0$이므로 $h'(x) > 0$이고,

구간 $8-\alpha < x < 8$에서 $\{f(x)-\alpha\}\{f(x)-\beta\} > 0$이므로 $h'(x) < 0$이다.

따라서, $h(x)$는 $x=6$에서 극소, $x=8-\alpha$에서 극대이다.

이와 같은 방법으로 구간별로 나누어서 따져나간다.

2-iii

닫힌 구간 $[1,\ A]$에서 $f(x)=B-\frac{2B}{A-1}\left|x-\frac{A+1}{2}\right|$이고 $f(Ax)=Af(x)$가 성립하므로

$$f(Ax)=AB-\frac{2B}{A-1}\left|Ax-\frac{A(A+1)}{2}\right|$$

이다. Ax를 x라 두면 구간 $[A,\ A^2]$에서

$$f(x)=AB-\frac{2B}{A-1}\left|x-\frac{A(A+1)}{2}\right|$$

이다. 같은 방법으로 구간 $[A,\ A^2]$에서 $f(Ax)=Af(x)$가 성립함을 이용하면 구간 $[A^2,\ A^3]$에서

$$f(x)=A^2B-\frac{2B}{A-1}\left|x-\frac{A^2(A+1)}{2}\right|$$

이고, 귀납적으로 생각하면 구간 $[A^{n-1},\ A^n]$에서

$$f(x)=A^{n-1}B-\frac{2B}{A-1}\left|x-\frac{A^{n-1}(A+1)}{2}\right|$$

이다.

항상 $f(x)\geq 0$이므로 $a_n=\int_{A^{n-1}}^{A^n}f(x)dx$는 구간 $[A^{n-1},\ A^n]$에서 함수 $y=f(x)$의 그래프와 x축 사이의 넓이이다. 그런데, $f(A^{n-1})=f(A^n)=0$이고, 이 구간에서 최댓값은 중점에서 함숫값인 $f\left(\frac{A^{n-1}+A^n}{2}\right)=A^{n-1}B$이므로

$$a_n=\frac{1}{2}\cdot(A^n-A^{n-1})\cdot A^{n-1}B=\frac{(A-1)B}{2}\cdot A^{2n-2}$$

이다. 따라서, $a_{n+1}=A^2a_n$이고,

$$\log_3a_{n+1}=2\log_3A+\log_3a_n$$

에서 $\log_3a_{n+1}$과 $\log_3a_n$이 모두 정수이고, $A>1$이므로 $2\log_3A$도 자연수이다. $2\log_3A=p$라 두자.

또, $\log_3a_1=\log_3\frac{(A-1)B}{2}=q$라 하면 q는 정수이다. 이때,

$$\sum_{n=1}^{6}\log_3a_n=117 \Leftrightarrow \sum_{n=1}^{6}\log_3\frac{(A-1)B}{2}\cdot A^{2n-2}=6\log_3a_1+30\log_3A=117$$

$$\Leftrightarrow 6q+15p=117 \Leftrightarrow 2q+5p=39 \qquad \cdots①$$

이다. 한편,

$$\sum_{n=1}^{6}a_n=\sum_{n=1}^{6}a_1\cdot A^{2n-2}=a_1\cdot\frac{A^{12}-1}{A^2-1}=a_1\cdot\frac{3^{6p}-1}{3^p-1}$$

이므로

$$37<\log_3\left(\sum_{n=1}^{6}a_n\right)=q+\log_3\frac{3^{6p}-1}{3^p-1}<38 \qquad \cdots②$$

이다. 여기서,

$$\frac{3^{6p}-1}{3^p-1}=3^{5p}+3^{4p}+3^{3p}+3^{2p}+3^p+1>3^{5p},$$

$$\frac{3^{6p}-1}{3^p-1}<\frac{3^{6p}}{3^p-1}=\frac{3^{5p}}{1-3^{-p}}\leq\frac{3^{5p}}{1-3^{-1}}=3^{5p}\cdot\frac{3}{2}$$

이므로

$$3^{5p} < \frac{3^{6p}-1}{3^{p}-1} < 3^{5p}\cdot\frac{3}{2}$$

이고,

$$q+5p < q+\log_3\frac{3^{6p}-1}{3^{p}-1} < q+5p+\log_3\frac{3}{2}$$

이다. 그런데, $0<\log_3\frac{3}{2}<1$이므로 ②로부터 $q+5p=37\cdots$③이다.

따라서, ①, ③에서 $p=7$, $q=2$이고,

$$2\log_3 A=7,\ \log_3\frac{(A-1)B}{2}=2$$

이므로 구하는 순서쌍은 $(A,\ B)=\left(3^{\frac{7}{2}},\ \frac{18}{3^{\frac{7}{2}}-1}\right)$ 하나뿐이다.

3-i

$P=\frac{54484}{333333}$라 하면

$$999999P=3\times54484=163452$$

이므로

$$1000000P-P=163452.\dot{1}6345\dot{2}-0.\dot{1}6345\dot{2}$$

이다. 따라서, $P=0.\dot{1}6345\dot{2}$이고, $1\le n\le 20$일 때 수열 a_n의 값과 $f(n)$의 값은 아래와 같다.

n	1	2	3	4	5	6	7	8	9	10	11	12	13	14	15	16	17	18	19	20
a_n	1	6	3	4	5	2	1	6	3	4	5	2	1	6	3	4	5	2	1	6
$f(n)$	-4	4	2	-2	2	-2	-4	4	2	-2	2	-2	-4	4	2	-2	2	-2	-4	4

$h(x)$는 $x\ge1$에서 정의된 주기가 6인 함수이며, $k=1,\ 2,\ \cdots,\ 6$일 때 구간 $[k,\ k+1]$에서 $y=h(x)$의 그래프는 구간 $[0,\ 1]$에서 $g(x)=x-x^2$의 함숫값을 $f(k)$배 한 뒤 x축의 양의 방향으로 k만큼 평행이동한 것이다. 따라서, 함수 $y=h(x)$의 그래프의 개형은 아래와 같다.

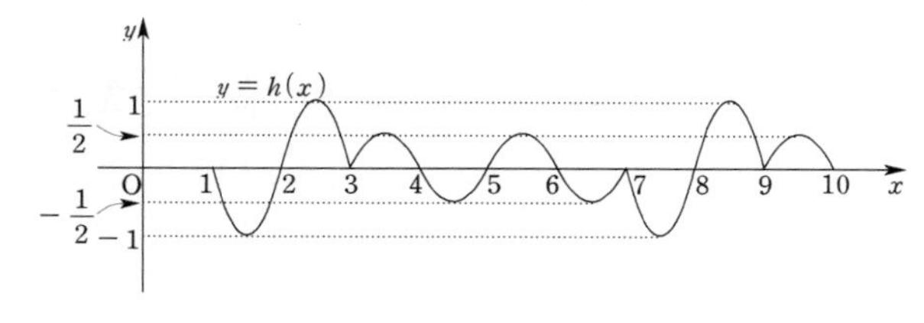

3-ii

x가 정수가 아닐 때 $h(x)$는 미분가능하므로

$$h'(x)=\begin{cases} f(1)g'(x-1), & 1<x<2 \\ f(2)g'(x-2), & 2<x<3 \\ f(3)g'(x-3), & 3<x<4 \\ f(4)g'(x-4), & 4<x<5 \\ f(5)g'(x-5), & 5<x<6 \\ f(6)g'(x-6), & 6<x<7 \\ f(1)g'(x-7), & 7<x<8 \\ \qquad\cdots & \end{cases}$$

이다. $n>1$인 정수일 때 구간 $(n-1,\ n)$에서 $h(x)=h_n(x)$라 하자. $h_n(x)$는 실수 전체에서 미분가능한 함수이므로

$$\lim_{x\to n-}\frac{h(x)-h(n)}{x-n}=\lim_{x\to n-}\frac{h_n(x)-h_n(n)}{x-n}=\lim_{x\to n}\frac{h_n(x)-h_n(n)}{x-n}=h'_n(n),$$

$$\lim_{x\to n+}\frac{h(x)-h(n)}{x-n}=\lim_{x\to n+}\frac{h_{n+1}(x)-h_{n+1}(n)}{x-n}=\lim_{x\to n}\frac{h_{n+1}(x)-h_{n+1}(n)}{x-n}=h'_{n+1}(n)$$

이다. 따라서, $h'_n(n)=h'_{n+1}(n)$이면 $h(x)$는 $x=n$에서 미분가능하다.

$g'(x)=1-2x$이므로

$h_2'(2)=f(1)g'(1)=(-4)\times(-1)=4,$

$h_3'(2)=f(2)g'(0)=4\times1=4$

이고, $h(x)$는 $x=2$에서 미분가능하다. 또,

$h_3'(3)=f(2)g'(1)=4\times(-1)=-4,$

$h_4'(3)=f(3)g'(0)=2\times1=2$

이고, $h(x)$는 $x=3$에서 미분불가능하다.

같은 방법으로 생각하고, 3-1에서 얻은 $y=h(x)$의 그래프를 참고하면 구간 $1<x<100$에서 미분불가능한 x의 값은

$3,\ 7,\ 9,\ 13,\ \cdots,\ 93,\ 97,\ 99$

이고, 그 개수는 $2\times16+1=33$이다.

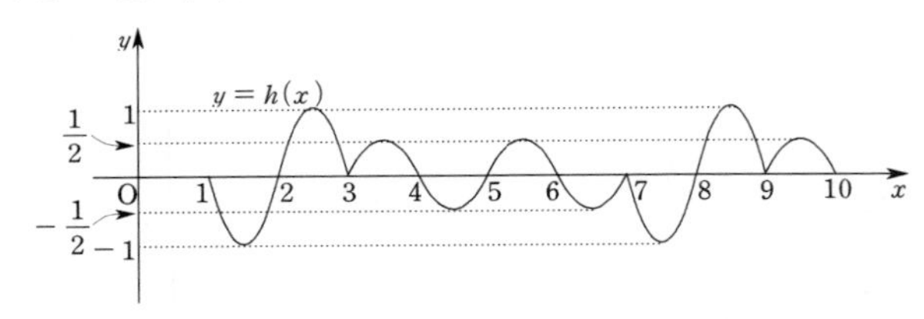

3-iii

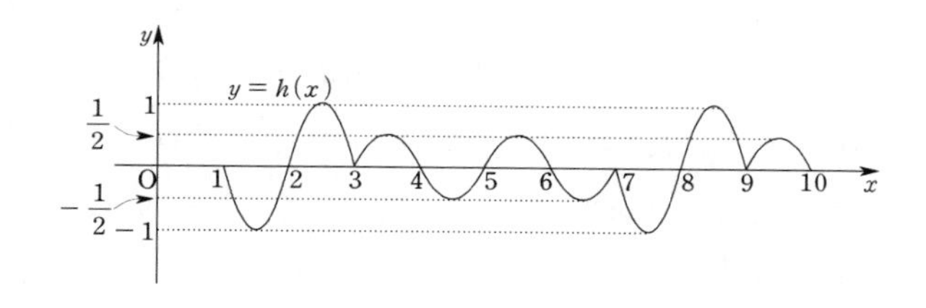

3-1에서 얻은 함수 $y = h(x)$의 그래프에서 $\int_1^7 h(x)dx = 0$이다. 그런데, $x \geq 1$에서 함수 $h(x)$의 주기가 6이므로 n이 자연수일 때

$$\int_n^{n+6} h(x)dx = \int_n^{n+6} h(x)dx = 0$$

이다. 따라서,

$$\begin{aligned}\int_1^{100} h(x)dx &= \int_1^4 h(x)dx + \int_4^{10} h(x)dx + \int_{10}^{16} h(x)dx + \cdots + \int_{94}^{100} h(x)dx \\ &= \int_1^4 h(x)dx \\ &= \int_3^4 h(x)dx \\ &= 2\int_0^1 g(x)dx \\ &= 2\int_0^1 (x - x^2)dx \\ &= 2\left[\frac{1}{2} - \frac{1}{3}\right] = \frac{1}{3}\end{aligned}$$

이다.

■ 성균관대 자연계 2024학년도 과학인재 모의구술

먼저 $\angle \mathrm{AQB} = 90°$인 점 Q의 자취를 구하자.

타원 $x^2 + 2y^2 = 8$의 기울기 m (단, $m \neq 0$)인 접선의 방정식을 $y = mx + n$이라 하고 연립하면

$$x^2 + 2(mx+n)^2 = 8 \iff (2m^2+1)x^2 + 4mnx + 2n^2 - 8 = 0$$

이다. 판별식

$$\frac{D}{4} = 4m^2n^2 - (2m^2+1)(2n^2-8) = 16m^2 - 2n^2 + 8 = 0$$

에서 $n^2 = 8n^2 + 4 \iff n = \pm\sqrt{8n^2+4}$이므로 기울기 m인 접선의 방정식은

$$y = mx \pm \sqrt{8m^2+4} \iff mx - y = \pm\sqrt{8m^2+4}$$

이다. 또, 이 타원의 기울기 $-\dfrac{1}{m}$인 접선의 방정식은

$$y = -\frac{1}{m}x \pm \sqrt{\frac{8}{m^2}+4} \iff x + my = \pm\sqrt{8+4m^2}$$

이다.

두 식의 양변을 제곱하여 더하면

$$(m^2+1)(x^2+y^2) = 12(m^2+1) \iff x^2 + y^2 = 12$$

이다.

이때, 타원의 꼭짓점을 지나는 서로 수직인 네 쌍의 접선 $x = \pm 2\sqrt{2}$, $y = \pm 2$ (단, 복부호는 복순이다.)의 네 교점 $(\pm 2\sqrt{2},\ \pm\sqrt{2})$도 위의 원 위에 놓인다.

따라서, $\angle \mathrm{AQB} = 90°$인 점 Q의 자취의 방정식은 $x^2 + y^2 = 12$이다.

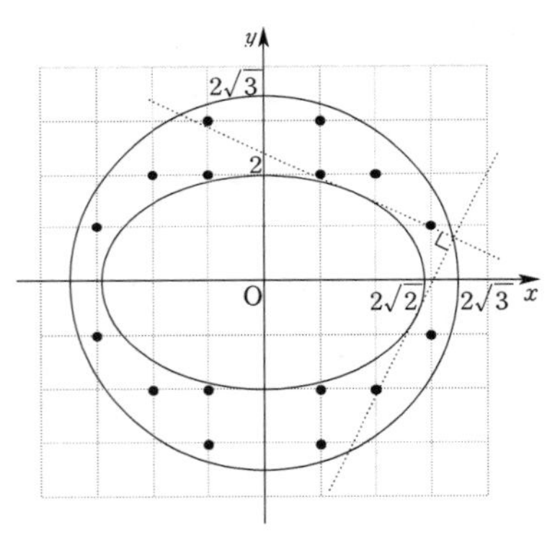

$\angle \mathrm{APB} > 90°$인 점 P는 원 $x^2 + y^2 = 12$ 내부의 점이므로 $a^2 + b^2 < 12$를 만족시킨다. 그런데, 점 P는 타원 $x^2 + 2y^2 = 8$ 외부의 점이므로 $a^2 + 2b^2 > 8$을 만족시킨다. 이때,

$$4 - \frac{1}{2}a^2 < b^2 < 12 - a^2$$

이므로

$$4 - \frac{1}{2}a^2 < 12 - a^2 \iff a^2 < 16$$

이다.

$|a| = 1$이면 $1^2 + b^2 < 12$, $1^2 + 2b^2 > 8$에서 $\dfrac{7}{2} < b^2 < 11$이므로 $|b| = 2$, $|b| = 3$이고,

$|a| = 2$이면 $2^2 + b^2 < 12$, $2^2 + 2b^2 > 8$에서 $2 < b^2 < 8$이므로 $|b| = 2$이고,

$|a| = 3$이면 $3^2 + b^2 < 12$, $3^2 + 2b^2 > 8$에서 $-\dfrac{1}{2} < b^2 < 3$이므로 $|b| = 1$,

이다. 따라서, 구하는 점의 개수는

$$2 \times (2+2) + 2 \times 2 + 2 \times 2 = 16$$

이다.

*위의 그림은 이해를 돕기 위한 참고 또는 결과에 바탕하여 그린 것이며, 작도를 통해 구하기는 어렵다.

[참고]

타원에 접하고 서로 수직인 두 접선의 교점의 자취인 원을 준원(準圓, director circle)이라 한다.

[다른 풀이 1]

$y=mx\pm\sqrt{8m^2+4} \iff mx-y=\pm\sqrt{8m^2+4}$ $\cdots$ ①

의 양변을 제곱하여 m에 대하여 정리하면

$(x^2-8)m^2-2xym+y^2-4=0$ $\cdots$ ②

이다. ①이 서로 수직인 두 직선을 나타내면 ②의 두 실근의 곱은 -1이므로

$$\frac{y^2-4}{x^2-8}=-1 \iff x^2+y^2=12$$

이다.

[다른 풀이 2]

$$x^2+2y^2=8 \iff \frac{x^2}{8}+\frac{y^2}{4}=1$$

이므로 타원 위의 임의의 두 점

$(\sqrt{8}\cos\alpha,\ 2\sin\alpha)$, $(\sqrt{8}\cos\beta,\ 2\sin\beta)$ (단, α, $\beta\neq\frac{n\pi}{2}$, n은 정수)

에서 접선의 방정식은

$(\sqrt{8}\cos\alpha)x+(4\sin\alpha)y=8$, $(\sqrt{8}\cos\beta)x+(4\sin\beta)y=8$ $\cdots$ ①

이다. 두 접선이 서로 수직이면 법선벡터 $(\cos\alpha,\ \sqrt{2}\sin\alpha)$, $(\cos\beta,\ \sqrt{2}\sin\beta)$가 서로 수직이므로

$\cos\alpha\cos\beta+2\sin\alpha\sin\beta=0 \iff 2\tan\alpha\tan\beta=-1$ $\cdots$ ②

이다.

①을 바꾸어 쓰고 ②를 이용하면

$x+(\sqrt{2}\tan\alpha)y=\sqrt{8}\sec\alpha$,

$$x+(\sqrt{2}\tan\beta)y=\sqrt{8}\sec\beta \iff x-\frac{1}{\sqrt{2}\tan\alpha}y=2\sqrt{2}\sec\beta$$

$$\iff (\sqrt{2}\tan\alpha)x-y=4\tan\alpha\sec\beta=4\tan\alpha\tan\beta\csc\beta=-2\csc\beta$$

이다. 두 식의 양변을 각각 제곱하여 변끼리 더하고 ②를 이용하면

$$\begin{aligned}(1+2\tan^2\alpha)(x^2+y^2)&=8\sec^2\alpha+4\csc^2\beta\\&=8\sec^2\alpha+4(1+\cot^2\beta)\\&=8(1+\tan^2\alpha)+4(1+4\tan^2\alpha)\\&=12(1+2\tan^2\alpha)\end{aligned}$$

$\iff x^2+y^2=12$

이다.

[다른 풀이 3]

타원 $x^2+2y^2=8$ 위의 임의의 두 점 $(x_1,\ y_1)$, $(x_2,\ y_2)$ (단, $x_1x_2y_1y_2\neq 0$)에서 접선의 방정식은 각각

$$x_1x+2y_1y=8,\ x_2x+2y_2y=8 \qquad \cdots ①$$

이다. 두 접선이 서로 수직이면 법선벡터 $(x_1,\ 2y_1)$, $(x_2,\ 2y_2)$가 서로 수직이므로

$$(x_1,\ 2y_1)\cdot(x_2,\ 2y_2)=0 \iff x_1x_2+4y_1y_2=0 \iff \frac{2y_1}{x_1}\cdot\frac{2y_2}{x_2}=-1 \qquad \cdots ②$$

이고, $\frac{2y_1}{x_1}=m$이라 하면 $\frac{2y_2}{x_2}=-\frac{1}{m} \iff \frac{x_2}{2y_2}=-m$이다.

①에서

$$x+\frac{2y_1}{x_1}y=\frac{8}{x_1},\ \frac{x_2}{2y_2}x+y=\frac{4}{y_2} \iff x+my=\frac{8}{x_1},\ -mx+y=\frac{4}{y_2}$$

이고, 두 식의 양변을 각각 제곱하여 변끼리 더하면

$$(1+m^2)(x^2+y^2)=\frac{64}{x_1^2}+\frac{16}{y_2^2}$$

이다.

$$x_1^2+2y_1^2=8,\ x_2^2+2y_2^2=8 \iff 1+\frac{2y_1^2}{x_1^2}=\frac{8}{x_1^2},\ \frac{x_2^2}{y_2^2}+2=\frac{8}{y_2^2} \iff \frac{64}{x_1^2}=8+\frac{16y_1^2}{x_1^2},\ \frac{16}{y_2^2}=\frac{2x_2^2}{y_2^2}+4$$

이므로

$$(1+m^2)(x^2+y^2)=\left(8+\frac{16y_1^2}{x_1^2}\right)+\left(\frac{2x_2^2}{y_2^2}+4\right)=(8+4m^2)+(8m^2+4)=12(1+m^2)$$

$$\iff x^2+y^2=8$$

이다.

■ 성균관대 자연계 2023학년도 수시논술 1교시 예시답안

1-i

직선 OP의 방정식은 $y=-\frac{1}{2}x$이고, 곡선 $y=(x+1)^2$과 연립하여 점 P의 x좌표를 구하면

$$-\frac{1}{2}x=(x+1)^2 \iff 2x^2+5x+2=0 \iff (2x+1)(x+2)=0$$

에서 $-1<x<0$이므로 $x=-\frac{1}{2}$이다. 이때, 점 P의 y좌표는 $y=\frac{1}{4}$이다.

곡선 $y=(x+1)^2$에서 $y'=2(x+1)$이고, 점 P에서 접선의 기울기는 1이므로 직선 L의 방정식은

$$y-\frac{1}{4}=x+\frac{1}{2} \iff 4x-4y+3=0$$

이다. 원점에서 직선 L까지의 거리를 d라 하면 $d=\frac{3}{\sqrt{32}}$이고, $\left(\frac{1}{2}\overline{\mathrm{EF}}\right)^2+d^2=1$이므로

$$\left(\frac{1}{2}\overline{\mathrm{EF}}\right)^2=1-\frac{9}{32}=\frac{23}{32} \iff \overline{\mathrm{EF}}^2=\frac{23}{8}$$

이다.

1-ii

곡선 $y=(x+1)^2=f(x)$라 하고, 점 P의 좌표를 $(p,\ f(p))$ (단, $-1<p<0$)라 하면

$$\overline{\mathrm{OP}}^2=p^2+\{f(p)\}^2$$

이고,

$$\frac{d}{dp}\overline{\mathrm{OP}}^2=2p+2f(p)f'(p)$$

이다. $\overline{\mathrm{OP}}$가 최소이면 $\overline{\mathrm{OP}}^2$도 최소이고, 이때 $\frac{d}{dp}\overline{\mathrm{OP}}^2=0$이다.

$2p+2f(p)f'(p)=0$에서 $-1<p<0$일 때 $f(p)\neq0$이므로 $f'(p)=-\frac{p}{f(p)}$이고, 이를 직선 OP의 기울기 $\frac{f(p)}{p}$와 곱은 -1이다. 따라서, $\overline{\mathrm{OP}}$가 최소일 때 직선 L과 직선 OP는 서로 수직이다.

1-iii

곡선 $y=(x+1)^2=f(x)$라 하고, 점 P의 좌표를 $(p,\ f(p))$ (단, $-1<p<0$)라 하면 두 점 A, B의 x좌표는 이차방정식

$$x^2+\{f(p)\}^2=1 \iff x=\pm\sqrt{1-\{f(p)\}^2}$$

의 두 근이다. 따라서,

$$\overline{\mathrm{AP}}\times\overline{\mathrm{PB}}=\left[p+\sqrt{1-\{f(p)\}^2}\right]\left[\sqrt{1-\{f(p)\}^2}-p\right]=1-\{f(p)\}^2-p^2$$

이고,

$$\frac{d}{dp}\overline{\mathrm{AP}}\times\overline{\mathrm{PB}}=-2f(p)f'(p)-2p$$

이다.

$\overline{\mathrm{AP}} \times \overline{\mathrm{PB}}$가 최대이면 $\dfrac{d}{dp}\overline{\mathrm{AP}} \times \overline{\mathrm{PB}} = 0$에서 $2p + 2f(p)f'(p) = 0$이므로 1-ii와 같이 하면 직선 L과 직선 OP는 서로 수직이다.

2-i

사인법칙에 의해

$$\frac{\sqrt{3}a}{\sin A} = 2a \Leftrightarrow \sin A = \frac{\sqrt{3}}{2}$$

이고, $\angle A < \dfrac{\pi}{2}$이므로 $\angle A = \dfrac{\pi}{3}$이다.

2-ii

삼각형의 세 변의 길이의 대소관계는 대각의 대소관계와 일치하므로 주어진 조건에서

$$\overline{\mathrm{AC}} \leq \overline{\mathrm{AB}} \Leftrightarrow \angle B \leq \angle C$$

이다. 또, 2-i에서

$$\angle A = \frac{\pi}{3} \Leftrightarrow \angle B + \angle C = \frac{2\pi}{3}$$

이므로

$$2 \times \angle C \geq \frac{2\pi}{3} \Leftrightarrow \angle C \geq \frac{\pi}{3} = \angle A$$

이다. 따라서, $\angle C$는 최대각이고, 변 AB는 최대변이다.

$\overline{\mathrm{AB}} = p$라 하면 $\overline{\mathrm{AB}} \geq \overline{\mathrm{BC}} \Leftrightarrow p \geq \sqrt{3}a = 10\sqrt{3}$이고, 삼각형의 한 변의 길이는 외접원의 지름보다 클 수 없으므로 $\overline{\mathrm{AB}} \leq 2a \Leftrightarrow p \leq 20$이다. 따라서,

$$10\sqrt{3} \leq p \leq 20$$

이고, 가능한 $p = 18,\ 19,\ 20$이다.

한편, $\overline{\mathrm{CA}} = q$라 하면 $\angle A = \dfrac{\pi}{3}$이므로 코사인법칙에 의해

$$\cos A = \frac{p^2 + q^2 - 3a^2}{2pq} = \frac{1}{2} \Leftrightarrow q^2 - pq + p^2 - 300 = 0$$

이고, 이를 q에 관한 이차방정식으로 보면 판별식

$$D = p^2 - 4(p^2 - 300) = 3(400 - p^2)$$

이다. q가 자연수이면 D는 완전제곱수가 되어야 하므로 $400 - p^2$은 $3k^2$ (단, k는 정수) 꼴이라야 한다. 이에 적합한 것은 $p = 20$ 뿐이고, 이때 $q^2 - 20q + 100 = 0$에서 $p = 10$이다.

이상에서 $\overline{\mathrm{AB}} = 10,\ \overline{\mathrm{AC}} = 20$이다.

[다른 풀이 1]

함수 $y = \sin x$의 그래프는 구간 $[0,\ \pi]$에서 위로 볼록하다. 따라서, $\angle A = \dfrac{\pi}{3}$이므로

$$\frac{\sin B + \sin C}{2} \leq \sin\frac{B + C}{2} = \sin\frac{\pi - A}{2} = \sin\frac{\pi}{3} = \frac{\sqrt{3}}{2}$$

$$\Leftrightarrow 2a\sin B + 2a\sin C \leq 2a\sqrt{3}$$

$$\Leftrightarrow \overline{\mathrm{CA}} + \overline{\mathrm{AB}} \leq 20\sqrt{3}$$

이고, $\overline{AC} \leq \overline{AB}$ 이므로

$$2 \times \overline{CA} \leq 20\sqrt{3} \iff \overline{CA} \leq 10\sqrt{3} = \overline{BC}$$

이다. 따라서, 변 CA는 최소변이고, $\angle B$는 최소각이다.

그런데, $\angle A = \frac{\pi}{3}$ 이므로 $\angle B \leq \frac{\pi}{3}$ 이고, $\angle C \geq \frac{\pi}{3}$ 이므로 $\angle C$는 최대각이고, 변 AB는 최대변이다.

[다른 풀이 2]

2-i에 의해 $B + C = \pi - A = \frac{2\pi}{3}$ 이므로

$$\cos(B+C) = -\frac{1}{2} \iff \cos B \cos C - \sin B \sin C = -\frac{1}{2}$$

이다. 또, $a = 10$ 이므로 사인법칙에 의해

$$\frac{\overline{CA}}{\sin B} = \frac{\overline{AB}}{\sin C} = 20 \iff \sin B = \frac{\overline{CA}}{20},\ \sin C = \frac{\overline{AB}}{20}$$

이다. B, C가 예각이므로 $\cos B > 0$, $\cos C > 0$ 이고,

$$\cos B = \sqrt{1 - \sin^2 B},\ \cos C = \sqrt{1 - \sin^2 C}$$

이다. 따라서,

$$\sqrt{1 - \frac{\overline{CA}^2}{20^2}}\sqrt{1 - \frac{\overline{AB}^2}{20^2}} - \frac{\overline{CA}}{20} \cdot \frac{\overline{AB}}{20} = -\frac{1}{2}$$

$$\iff \sqrt{400 - \overline{CA}^2}\sqrt{400 - \overline{AB}^2} - \overline{CA} \cdot \overline{AB} = -200$$

이다. $\overline{AB} = p$, $\overline{CA} = q$ (단, $p \geq q$)라 하면

$$\sqrt{400 - q^2}\sqrt{400 - p^2} = pq - 200$$

이고, 양변을 제곱하여 정리하면

$$400^2 - 400p^2 - 400q^2 + p^2q^2 = p^2q^2 - 400pq + 200^2$$

$$\iff p^2 + q^2 = 300 + pq$$

$$\iff (p+q)^2 = 3(100 + pq)$$

이다. 좌변이 제곱수이므로 우변도 제곱수이고

$$100 + pq = 3k^2 \text{ (단, } k\text{는 자연수)}$$

라 두면 $3k^2 > 100$ 에서 $k \geq 6$ 이다. 또, $p + q = 3k$ 이므로

$$p + q \geq 2\sqrt{pq} \iff (p+q)^2 \geq 4pq \iff 9k^2 \geq 4(3k^2 - 100) \iff 3k^2 \leq 400$$

에서 $k \leq 11$ 이다. 따라서, $6 \leq k \leq 11$ 이다.

한편,

$$(p-q)^2 = (p+q)^2 - 4pq = 9k^2 - 4(3k^2 - 100) = 400 - 3k^2$$

이 제곱수이므로 가능한 것은 $k = 10$ 이고,

$$pq = 200,\ p + q = 30$$

에서 $p = 10$, $q = 20$ 이다.

2-iii

$\overline{AB} = p$, $\overline{CA} = q$ (단, $p \geq q$)라 하면 2-i에서 $\angle A = \frac{\pi}{3}$이고, $a = \sqrt{10}$ 이므로

$$\cos A = \frac{p^2 + q^2 - 3a^2}{2pq} = \frac{1}{2} \Leftrightarrow p^2 + q^2 - 30 = pq \Leftrightarrow (p+q)^2 = 3(10 + pq)$$

이다. 그런데, $p + q = M$이므로 $pq = \frac{M^2}{3} - 10$이다.

이때, $pq > 0$에서 $M^2 > 30$이고,

$$(p-q)^2 = (p+q)^2 - 4pq = M^2 - 4\left(\frac{M^2}{3} - 10\right) = 40 - \frac{M^2}{3} \geq 0$$

에서 $M^2 \leq 120$이다. 따라서, 가능한 자연수 $M = 6, 7, \cdots, 10$이고, 구하는 합은 40이다.

2-iv

$\overline{AB} = p$, $\overline{CA} = q$ (단, $p \geq q$)라 하면 2-i에서 $\angle A = \frac{\pi}{3}$이고, $a = \sqrt{2}$, $pq = N$이므로

$$\cos A = \frac{p^2 + q^2 - 3a^2}{2pq} = \frac{1}{2} \Leftrightarrow p^2 + q^2 = pq + 6 \Leftrightarrow (p+q)^2 = 3(2 + pq) = 3(2 + N)$$

이고, $p + q = \sqrt{3(2+N)}$ 이다. 이때,

$$(p-q)^2 = (p+q)^2 - 4pq = 3(2+N) - 4N = 6 - N \geq 0$$

에서 $N \leq 6$이므로 가능한 자연수 $N = 1, 2, \cdots, 6$이다.

한편, $p^2 + q^2 = N + 6$, $p^2q^2 = N^2$이므로 p^2, q^2은 이차방정식 $x^2 - (N+6)x + N^2 = 0$의 두 양근이다. 따라서, 판별식

$$D = (N+6)^2 - 4N^2 = (6-N)(6+3N)$$

이 제곱수이면 p^2, q^2은 유리수가 되며, 그렇지 않으면 p^2, q^2은 유리수가 되지 못하며 정수가 될 수 없다.

판별식 D가 유리수인 $N = 4, 6$이고, 각 경우에 $x^2 - 10x + 16 = 0$, $x^2 - 12x + 36 = 0$은 모두 자연수를 근으로 가지므로 문제에서 원하는 경우가 아니다.

따라서, 구하는 $N = 1, 2, 3, 5$이고, 그 합은 11이다.

3-i

정사각형 R_n의 한 변의 길이를 a_n이라 하자. 오른쪽 그림에서

$$\tan\theta = \frac{a_n - a_{n+1}}{a_{n+1}} \Leftrightarrow (t+1)a_{n+1} = a_n$$

$$\Leftrightarrow a_{n+1} = \frac{1}{t+1}a_n$$

이다. 따라서,

$$a_n = \left(\frac{1}{t+1}\right)^{n-1} a_1 = \frac{1}{(t+1)^{n-1}}$$

이고,

$$s_n = a_n^2 = \frac{1}{(t+1)^{2(n-1)}}$$

이다.

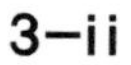

3-ii

$$P_{2023} = s_1 + s_3 + s_5 + \cdots + s_{2023} = 1 + \frac{1}{(t+1)^4} + \frac{1}{(t+1)^8} + \cdots + \frac{1}{(t+1)^{4044}},$$

$$Q_{2023} = s_2 + s_4 + s_6 + \cdots + s_{2022} = \frac{1}{(t+1)^2} + \frac{1}{(t+1)^6} + \frac{1}{(t+1)^{10}} + \cdots + \frac{1}{(t+1)^{4042}}$$

이므로 $r = \dfrac{1}{(t+1)^4}$이라 하면

$$P_{2023} = 1 + r + r^2 + \cdots + r^{1011} = \frac{1 - r^{1012}}{1 - r},$$

$$Q_{2023} = \sqrt{r}(1 + r + r^2 + \cdots + r^{1010}) = \frac{\sqrt{r}(1 - r^{1011})}{1 - r}$$

이고, $\dfrac{P_{2023}}{Q_{2023}} = \dfrac{1 - r^{1012}}{\sqrt{r}(1 - r^{1011})}$이다. 또,

$$P_{2021} = s_1 + s_3 + s_5 + \cdots + s_{2021} = 1 + r + r^2 + \cdots + r^{1010} = \frac{1 - r^{1011}}{1 - r},$$

$$Q_{2021} = s_2 + s_4 + s_6 + \cdots + s_{2020} = \sqrt{r}(1 + r + r^2 + \cdots + r^{1009}) = \frac{\sqrt{r}(1 - r^{1010})}{1 - r}$$

이고, $\dfrac{Q_{2021}}{P_{2021}} = \dfrac{\sqrt{r}(1 - r^{1010})}{1 - r^{1011}}$이다. 따라서,

$$(\text{준식}) = \frac{1 - r^{1012}}{\sqrt{r}(1 - r^{1011})} + \frac{\sqrt{r}(1 - r^{1010})}{1 - r^{1011}}$$

$$= \frac{(1 - r^{1012}) + r(1 - r^{1010})}{\sqrt{r}(1 - r^{1011})}$$

$$= \frac{(1 + r)(1 - r^{1011})}{\sqrt{r}(1 - r^{1011})}$$

$$= \frac{1}{\sqrt{r}} + \sqrt{r}$$

$$= (t+1)^2 + \frac{1}{(t+1)^2}$$

이다. 여기서, $\theta = \frac{\pi}{3}$ 이므로 $t = \sqrt{3}$ 이고

$$(\text{준식}) = (4+2\sqrt{3}) + \frac{1}{4+2\sqrt{3}} = \frac{10+3\sqrt{3}}{2}$$

이다.

3-iii

$u = \frac{1}{t+1}$ 이라 하면 3-i에서

$$\frac{P_3}{2} = \frac{s_1+s_3}{2} = \frac{1+u^4}{2},\ \frac{Q_3}{1} = \frac{s_2}{1} = u^2$$

이고, $t > 0$일 때 $0 < u < 1$이므로

$$\frac{P_3}{2} - \frac{Q_3}{1} = \frac{1+u^4}{2} - u^2 = \frac{(1-u^2)^2}{2} > 0 \iff \frac{P_3}{2} > \frac{Q_3}{1}$$

이다. 따라서, $n=1$일 때 $\frac{P_{2n+1}}{n+1} > \frac{Q_{2n+1}}{n}$ 이 성립한다.

$n=k$ (단, k는 자연수)일 때 $\frac{P_{2n+1}}{n+1} > \frac{Q_{2n+1}}{n}$ 이 성립한다고 가정하면

$$kP_{2k+1} > (k+1)Q_{2k+1}$$

이다. 이때,

$$\frac{P_{2k+3}}{k+2} - \frac{Q_{2k+3}}{k+1}$$

$$= \frac{P_{2k+1}+s_{2k+3}}{k+2} - \frac{Q_{2k+1}+s_{2k+2}}{k+1}$$

$$= \frac{\{(k+1)P_{2k+1}+(k+1)s_{2k+3}\} - \{(k+2)Q_{2k+1}+(k+2)s_{2k+2}\}}{(k+2)(k+1)}$$

$$> \frac{[\{(k+1)Q_{2k+1}+P_{2k+1}\}+(k+1)s_{2k+3}] - \{(k+2)Q_{2k+1}+(k+2)s_{2k+2}\}}{(k+2)(k+1)}$$

$$= \frac{\{P_{2k+1}+(k+1)s_{2k+3}\} - \{Q_{2k+1}+(k+2)s_{2k+2}\}}{(k+2)(k+1)}$$

이다. 2-i에서 $s_n = \frac{1}{(t+1)^{2(n-1)}} = u^{2(n-1)}$ 이므로

$$(\text{분자}) = \{(1+u^4+\cdots+u^{4k})+(k+1)u^{4k+4}\} - \{(u^2+u^6+\cdots+u^{4k-2})+(k+1)u^{4k+2}\}$$

$$= \{(1+u^4+\cdots+u^{4k})+(k+1)u^{4k+4}\} - \{(u^2+u^6+\cdots+u^{4k+2})+(k+1)u^{4k+2}\} + u^{4k+2}$$

$$> \sum_{i=1}^{k+1}(u^{4i-4}+u^{4k+4}-u^{4i-2}-u^{4k+2})$$

$$= \sum_{i=1}^{k+1}\{u^{4i-4}(1-u^2)+u^{4k+2}(u^2-1)\}$$

$$= \sum_{i=1}^{k+1}(u^{4i-4}-u^{4k+2})(1-u^2)$$

이다. 여기서, $0<u<1$이고, $1\le i\le k+1$일 때 $4i-4<4k+2$이므로

$$1-u^2>0,\ u^{4i-4}-u^{4k+2}>0$$

이다. 따라서, (분자)>0이고,

$$\frac{P_{2k+3}}{k+2}-\frac{Q_{2k+3}}{k+1}>0 \Leftrightarrow \frac{P_{2k+3}}{k+2}>\frac{Q_{2k+3}}{k+1}$$

이므로 $n=k+1$일 때도 $\dfrac{P_{2n+1}}{n+1}>\dfrac{Q_{2n+1}}{n}$이 성립한다.

이상에서 모든 자연수 n에 대하여 $\dfrac{P_{2n+1}}{n+1}>\dfrac{Q_{2n+1}}{n}$이 성립하고, $\dfrac{P_{2023}}{1012}>\dfrac{Q_{2023}}{1011}$이다.

[다른 풀이 1]

$$\begin{aligned}(\text{분자})&=(1-u^2+u^4-u^6+\cdots+u^{4k})+(k+1)u^{4k+4}-(k+1)u^{4k+2}\\&=\frac{1+(-u^2)^{2k+1}}{1-(-u^2)}+(k+1)u^{4k+2}(u^2-1)\\&=\frac{1}{1+u^2}\{(1+u^{4k+2})+(k+1)u^{4k+2}(u^4-1)\}\\&=\frac{1}{1+u^2}\{1+(k+1)u^{4k+6}-ku^{4k+2}\}\end{aligned}$$

에서 $f(u)=1+(k+1)u^{4k+6}-ku^{4k+2}$라 두자.

$$\begin{aligned}f'(u)&=(k+1)(4k+6)u^{4k+5}-k(4k+2)u^{4k+1}\\&=u^{4k+1}\{(k+1)(4k+6)u^4-k(4k+2)\}\end{aligned}$$

이므로 $f(u)$는 $u^4=\dfrac{k(4k+2)}{(k+1)(4k+6)}$일 때 극소이자 최소이다.

이때, $u=u_0=\dfrac{1}{t_0+1}$ (단, $0<u_0<1$, $t_0>0$)이라 두면

$$\begin{aligned}f(u_0)&=1+u_0^{4k+2}\{(k+1)u_0^4-k\}\\&=1+u_0^{4k+2}\left\{\frac{k(4k+2)}{4k+6}-k\right\}\\&=1-u_0^{4k+2}\cdot\frac{4k}{4k+6}\\&=1-\frac{1}{(t_0+1)^{4k+2}}\cdot\frac{4k}{4k+6}\\&>1-\frac{4k}{4k+6}>0\end{aligned}$$

이다.

[다른 풀이 2]

$n=k$ (단, k는 자연수)일 때 $\dfrac{P_{2k+1}}{k+1}>\dfrac{Q_{2k+1}}{k}$이 성립한다고 가정하자.

3-ii와 같이 하면

$$P_{2k+3}=1+r+r^2+\cdots+r^{k+1}=\frac{1-r^{k+2}}{1-r},$$

$$Q_{2k+3}=\sqrt{r}(1+r+r^2+\cdots+r^k)=\frac{\sqrt{r}(1-r^{k+1})}{1-r},$$

$$P_{2k+1}=\frac{1-r^{k+1}}{1-r},$$

$$Q_{2k+1}=\frac{\sqrt{r}(1-r^k)}{1-r}$$

이므로

$$\begin{aligned}\frac{P_{2k+3}}{Q_{2k+3}}+\frac{Q_{2k+1}}{P_{2k+1}}&=\frac{1-r^{k+2}}{\sqrt{r}(1-r^{k+1})}+\frac{\sqrt{r}(1-r^k)}{1-r^{k+1}}=\frac{(1-r^{k+2})+r(1-r^k)}{\sqrt{r}(1-r^{k+1})}=\frac{(1+r)(1-r^{k+1})}{\sqrt{r}(1-r^{k+1})}\\&=\frac{1+r}{\sqrt{r}}\ge\frac{2\sqrt{r}}{\sqrt{r}}=2\end{aligned}$$

이다. 따라서,

$$\frac{P_{2k+3}}{Q_{2k+3}}\ge 2-\frac{Q_{2k+1}}{P_{2k+1}}$$

이고,

$$\frac{P_{2k+1}}{k+1}>\frac{Q_{2k+1}}{k}\iff\frac{Q_{2k+1}}{P_{2k+1}}<\frac{k}{k+1}$$

이므로

$$\frac{P_{2k+3}}{Q_{2k+3}}\ge 2-\frac{Q_{2k+1}}{P_{2k+1}}>2-\frac{k}{k+1}$$

이다. 따라서,

$$\frac{P_{2k+3}}{Q_{2k+3}}-\frac{k+2}{k+1}>\left(2-\frac{k}{k+1}\right)-\frac{k+2}{k+1}=0$$

$$\iff\frac{P_{2k+3}}{Q_{2k+3}}>\frac{k+2}{k+1}$$

$$\iff\frac{P_{2k+3}}{k+2}>\frac{Q_{2k+3}}{k+1}$$

이 성립한다.

■ 성균관대 자연계 2023학년도 수시논술 2교시 예시답안

1-i

세 변이 길이를 각각 $a-d$, a, $a+d$ (단, a, d는 자연수)라 하면 주어진 조건에 의해

$a-d \geq 1,\ a+d \leq 100 \Leftrightarrow d+1 \leq a \leq 100-d$

이다. 또, 삼각형의 최대변은 다른 두 변의 합보다 작으므로

$a+d < (a-d)+a \Leftrightarrow a > 2d$

이다. 따라서, 하나의 d가 주어질 때 a가 가지는 값의 범위는

$2d+1 \leq a \leq 100-d$

이다. 여기서,

$2d+1 \leq 100-d \Leftrightarrow d \leq 33$

이므로 $0 \leq d \leq 33$이다. 따라서, 구하는 개수는

$$\sum_{d=0}^{33}\{(100-d)-(2d+1)+1\} = \sum_{d=0}^{33}(100-3d) = 3400 - 3\cdot\frac{33\cdot 34}{2} = 1717$$

이다.

1-ii

세 변이 길이를 각각 a, ar, ar^2 (단, a는 자연수, $r \geq 1$)이라 하면 주어진 조건에 의해

$a \geq 1,\ ar^2 \leq 100 \Leftrightarrow 1 \leq a \leq \frac{100}{r^2}$

이다. 또, 삼각형의 최대변은 다른 두 변의 합보다 작으므로

$ar^2 < a+ar \Leftrightarrow r^2-r-1<0 \Leftrightarrow 1 \leq r < \frac{1+\sqrt{5}}{2}$

이다.

i) $r=1$일 때

삼각형의 세 변의 길이는 모두 a이고, $a=1,\ 2,\ \cdots,\ 100$이다.

ii) r이 자연수가 아닐 때

$ar=b$라 하면 b가 자연수이므로 $r=\frac{b}{a}$이고, r은 유리수이다. $r=\frac{m}{n}$ (단, m, n은 서로 소인 자연수, $n \geq 2$)이라 하면 $1 < \frac{m}{n} < \frac{1+\sqrt{5}}{2} = 1.618\cdots$이다. $ar^2=c$라 하면

$$ar^2 = a\cdot\frac{m^2}{n^2} = c \Leftrightarrow am^2 = cn^2$$

이고, m, n은 서로 소이므로 a는 n^2의 배수이다. $1 \leq a \leq 100$이고, i)과 중복을 피하면 $2 \leq n \leq 9$이다.

① $n=2$일 때 $2<m<3.236\cdots$이므로 $m=3$이고, $r=\frac{3}{2}$이므로 $ar^2=\frac{9}{4}a \leq 100$에서

$a=4,\ 8,\ 12,\ \cdots,\ 44$

② $n=3$일 때 $3<m<4.854\cdots$이므로 $m=4$이고, $r=\frac{4}{3}$이므로 $ar^2=\frac{16}{9}a \leq 100$에서

$a=9,\ 18,\ 27,\ 36,\ 45,\ 54$

③ $n=4$일 때 $4<m<6.472\cdots$이므로 $m=4,\ 5$이고, 중복을 제외하면 $r=\frac{5}{4}$이므로

$ar^2 = \frac{25}{16}a \le 100$에서 $a = 16,\ 32,\ 48,\ 64$

④ $n = 5$일 때 $5 < m < 8.090\cdots$이므로 $m = 6,\ 7,\ 8$이고,

$m = 6$이면 $r = \frac{6}{5}$이므로 $ar^2 = \frac{36}{25}a \le 100$에서 $a = 25,\ 50$,

$m = 7$이면 $r = \frac{7}{5}$이므로 $ar^2 = \frac{49}{25}a \le 100$에서 $a = 25,\ 50$,

$m = 8$이면 $r = \frac{8}{5}$이므로 $ar^2 = \frac{64}{25}a \le 100$에서 $a = 25$이다.

⑤ $n = 6$일 때 $6 < m < 9.708\cdots$이므로 $m = 7,\ 8,\ 9$이고, 중복을 제외하면 $r = \frac{7}{6}$이므로

$ar^2 = \frac{49}{36}a \le 100$에서 $a = 36,\ 72$이다.

⑥ $n = 7$일 때 $7 < m < 11.326\cdots$이므로 $m = 8,\ 9,\ 10$이고, 각 경우에 $a = 49$이다.

⑦ $n = 8$일 때 같은 방법으로 하면 $m = 9$이고, $a = 64$이다.

⑧ $n = 9$일 때 같은 방법으로 하면 $m = 10$이고, $a = 81$이다.

이상에서 구하는 경우의 수는 $100 + (11 + 6 + 4 + 5 + 2 + 3 + 1 + 1) = 133$이다.

1−iii

등차수열을 이루는 세 수의 순서쌍을

$(a - d,\ a,\ a + d)$ (단, a, d는 정수, $1 \le |a - d|,\ |a|,\ |a + d| \le 100$)

이라 하자.

$d = 0$일 때 상수수열로서 등비수열이 된다. 이 경우의 수는 200이다.

$d \ne 0$일 때 이를 적당히 배열하여 등비수열이 되는 경우는 다음과 같이 세 가지가 있다.

i) $(a - d)^2 = a \cdot (a + d)$일 때

$a^2 - 2ad + d^2 = a^2 + ad \iff d^2 = 3ad \iff d = 3a$

이고, 이때 구하는 순서쌍은 $(-2a,\ a,\ 4a)$이다.

$1 \le |-2a|,\ |a|,\ |4a| \le 100 \iff 1 \le |a| \le 25$

이므로 이 경우의 수는 $2 \times 25 = 50$이다.

ii) $a^2 = (a - d) \cdot (a + d)$일 때

$a^2 = a^2 - d^2 \iff d^2 = 0 \iff d = 0$

이므로 원하는 경우가 아니다.

iii) $(a + d)^2 = a \cdot (a - d)$일 때

$a^2 + 2ad + d^2 = a^2 - ad \iff d^2 = -3ad \iff d = -3a$

이고, 이때 구하는 순서쌍은 $(4a,\ a,\ -2a)$이다.

$1 \le |4a|,\ |a|,\ |-2a| \le 100 \iff 1 \le |a| \le 25$

이므로 이 경우의 수는 $2 \times 25 = 50$이다.

이상에서 구하는 경우의 수는 $200 + 50 + 50 = 300$이다.

2-i

덧셈정리로부터

$$4\cos\left(x+\frac{n\pi}{2}\right)=1 \Leftrightarrow \cos\left(x+\frac{n\pi}{2}\right)=\frac{1}{4} \Leftrightarrow \cos x\cos\frac{n\pi}{2}-\sin x\sin\frac{n\pi}{2}=\frac{1}{4}$$

이다. k를 정수라 하자.

i) $n=4k$일 때

$$\cos\frac{n\pi}{2}=\cos 2k\pi=1,\ \sin\frac{n\pi}{2}=\sin 2k\pi=0$$

이므로 주어진 방정식은 $\cos x=\frac{1}{4}$과 동치이다. 그런데, $0<x<\frac{\pi}{4}$에서 $\frac{\sqrt{2}}{2}<\cos x<1$이므로 이 범위에서 해는 없다.

ii) $n=4k-1$일 때

$$\cos\frac{n\pi}{2}=\cos\left(2k\pi-\frac{\pi}{2}\right)=\cos\left(-\frac{\pi}{2}\right)=0,\ \sin\frac{n\pi}{2}=\sin\left(2k\pi-\frac{\pi}{2}\right)=\sin\left(-\frac{\pi}{2}\right)=-1$$

이므로 주어진 방정식은 $\sin x=\frac{1}{4}$과 동치이다. 그런데, $0<x<\frac{\pi}{4}$에서 $0<\sin x<\frac{\sqrt{2}}{2}$이므로 이 범위에서 해를 가진다.

iii) $n=4k-2$일 때

$$\cos\frac{n\pi}{2}=\cos(2k\pi-\pi)=\cos(-\pi)=-1,\ \sin\frac{n\pi}{2}=\sin(2k\pi-\pi)=\sin(-\pi)=0$$

이므로 주어진 방정식은 $-\cos x=\frac{1}{4} \Leftrightarrow \cos x=-\frac{1}{4}$과 동치이다. 그런데, $0<x<\frac{\pi}{4}$에서 $\cos x>0$이므로 이 범위에서 해는 없다.

iv) $n=4k-3$일 때

$$\cos\frac{n\pi}{2}=\cos\left(2k\pi-\frac{3\pi}{2}\right)=\cos\left(-\frac{3\pi}{2}\right)=0,\ \sin\frac{n\pi}{2}=\sin\left(2k\pi-\frac{3\pi}{2}\right)=\sin\left(-\frac{3\pi}{2}\right)=1$$

이므로 주어진 방정식은 $\sin x=-\frac{1}{4}$과 동치이다. 그런데, $0<x<\frac{\pi}{4}$에서 $\sin x>0$이므로 이 범위에서 해는 없다.

이상에서 $n=4k-1$이고, $1\le n\le 2023$이므로 $1\le k\le 506$이고, 구하는 자연수 n의 개수는 506이다.

2-ii

$$\cos\left(x+\frac{m\pi}{2}\right)=\cos x\cos\frac{m\pi}{2}-\sin x\sin\frac{m\pi}{2}$$

에서

m이 짝수이면 $\cos\frac{m\pi}{2}=\pm 1$, $\sin\frac{m\pi}{2}=0$이므로 $\cos^2\left(x+\frac{m\pi}{2}\right)=\cos^2 x$이고,

m이 홀수이면 $\cos\frac{m\pi}{2}=0$, $\sin\frac{m\pi}{2}=\pm 1$이므로 $\cos^2\left(x+\frac{m\pi}{2}\right)=\sin^2 x$이다.

i) m이 짝수일 때

주어진 방정식을 바꾸어 쓰면 다음과 같다.

$$6\cos^2 x+\cos x\cos\frac{n\pi}{2}-\sin x\sin\frac{n\pi}{2}=5$$

k를 정수라 하고, 2-i과 같이 생각하자.

① $n=4k$일 때

$\cos\frac{n\pi}{2}=1$, $\sin\frac{n\pi}{2}=0$이므로

$$6\cos^2 x+\cos x=5 \iff 6\cos^2 x+\cos x-5=0 \iff (6\cos x-5)(\cos x+1)=0$$

이고, $0<x<\frac{\pi}{4}$에서 $\frac{\sqrt{2}}{2}<\cos x<1$이므로 이 범위에서 해를 가진다.

② $n=4k-1$일 때

$\cos\frac{n\pi}{2}=0$, $\sin\frac{n\pi}{2}=-1$이므로

$$6\cos^2 x+\sin x=5 \iff 6(1-\sin^2 x)+\sin x=5 \iff 6\sin^2 x-\sin x-1=0$$
$$\iff (3\sin x+1)(2\sin x-1)=0$$

이고, $0<x<\frac{\pi}{4}$에서 $0<\sin x<\frac{\sqrt{2}}{2}$이므로 이 범위에서 해를 가진다.

③ $n=4k-2$일 때

$\cos\frac{n\pi}{2}=-1$, $\sin\frac{n\pi}{2}=0$이므로

$$6\cos^2 x-\cos x=5 \iff 6\cos^2 x-\cos x-5=0 \iff (6\cos x+5)(\cos x-1)=0$$

이고, $0<x<\frac{\pi}{4}$에서 $\frac{\sqrt{2}}{2}<\cos x<1$이므로 이 범위에서 해는 없다.

④ $n=4k-3$일 때

$\cos\frac{n\pi}{2}=0$, $\sin\frac{n\pi}{2}=1$이므로

$$6\cos^2 x-\sin x=5 \iff 6(1-\sin^2 x)-\sin x=5 \iff 6\sin^2 x+\sin x-1=0$$
$$\iff (3\sin x-1)(2\sin x+1)=0$$

이고, $0<x<\frac{\pi}{4}$에서 $0<\sin x<\frac{\sqrt{2}}{2}$이므로 이 범위에서 해를 가진다.

이상에서 $n\neq 4k-2$이므로 이 경우의 순서쌍 $(m,\ n)$의 개수는 $11\times(23-6)=187$이다.

ii) m이 홀수일 때

주어진 방정식을 바꾸어 쓰면 다음과 같다.

$$6\sin^2 x+\cos x\cos\frac{n\pi}{2}-\sin x\sin\frac{n\pi}{2}=5$$

k를 정수라 하고, i)과 같이 생각하자.

① $n=4k$일 때

$$6\sin^2 x+\cos x=5 \iff 6(1-\cos^2 x)+\cos x=5 \iff 6\cos^2 x-\cos x-1=0$$
$$\iff (3\cos x+1)(2\cos x-1)=0$$

이고, $0<x<\frac{\pi}{4}$에서 $\frac{\sqrt{2}}{2}<\cos x<1$이므로 이 범위에서 해는 없다.

② $n=4k-1$일 때

$$6\sin^2 x+\sin x=5 \iff 6\sin^2 x+\sin x-5=0 \iff (6\sin x-5)(\sin x+1)=0$$

이고, $0<x<\frac{\pi}{4}$에서 $0<\sin x<\frac{\sqrt{2}}{2}$이므로 이 범위에서 해는 없다.

③ $n=4k-2$일 때

$$6\sin^2 x-\cos x=5 \Leftrightarrow 6(1-\cos^2 x)-\cos x=5 \Leftrightarrow 6\cos^2 x+\cos x-1=0$$
$$\Leftrightarrow (3\cos x-1)(2\cos x+1)=0$$

이고, $0<x<\frac{\pi}{4}$에서 $\frac{\sqrt{2}}{2}<\cos x<1$이므로 이 범위에서 해는 없다.

④ $n=4k-3$일 때

$$6\sin^2 x-\sin x=5 \Leftrightarrow 6\sin^2 x-\sin x-5=0 \Leftrightarrow (6\sin x+5)(\sin x-1)=0$$

이고, $0<x<\frac{\pi}{4}$에서 $0<\sin x<\frac{\sqrt{2}}{2}$이므로 이 범위에서 해는 없다.

이상에서 구하는 순서쌍의 개수는 187이다.

2-iii

$\cos\left(x+\frac{n\pi}{2}\right)=t$라 하자. k를 정수라 하고 2-ii와 같이하여 $0<x<\frac{\pi}{4}$에서 t의 값의 범위를 구하면

$n=4k$일 때 $t=\cos x$이므로 $\frac{\sqrt{2}}{2}<t<1$,

$n=4k-1$일 때 $t=\sin x$이므로 $0<t<\frac{\sqrt{2}}{2}$,

$n=4k-2$일 때 $t=-\cos x$이므로 $-1<t<-\frac{\sqrt{2}}{2}$,

$n=4k-3$일 때 $t=-\sin x$이므로 $-\frac{\sqrt{2}}{2}<t<0$

이다. 주어진 방정식

$$8t^4-7t^2+3t-1=0$$

에서 좌변을 $f(t)$라 두면

$$f'(t)=32t^3-14t+3=(2t-1)(4t-1)(4t+3)$$

이므로 $-1<t<1$에서 증감표는 아래와 같다.

t	-1	$\cdots$	$-\frac{3}{4}$	$\cdots$	$\frac{1}{4}$	$\cdots$	$\frac{1}{2}$	$\cdots$	1
$f'(t)$		$-$	0	$+$	0	$-$	0	$+$	
$f(t)$	-3	↘	극소	↗	극대	↘	극소	↗	3

구간의 좌경곗값 $f(-1)<0$, 극댓값 $f\left(\frac{1}{4}\right)=\frac{1}{32}-\frac{7}{16}+\frac{3}{4}-1<0$, 구간의 우경곗값 $f(1)>0$이므로 $f(t)=0$은 구간 $(-1,\ 1)$에서 단 하나의 실근을 갖는다. 이를 t_0이라 하면

$$f\left(\frac{\sqrt{2}}{2}\right)=2-\frac{7}{2}+\frac{3\sqrt{2}}{2}-1=\frac{3\sqrt{2}-5}{2}<0$$

이므로 사이값정리에 의해 $\frac{\sqrt{2}}{2}<t_0<1$이다. 따라서, $n=4k$이고, $1\le k\le 505$이므로 구하는 자연수 n의 개수는 505이다.

3-i

$$\int_0^1 f(x)dx = \int_0^1 (ax^3+bx^2+cx+d)dx = \left[\frac{ax^4}{4}+\frac{bx^3}{3}+\frac{cx^2}{2}+dx\right]_0^1 = \frac{a}{4}+\frac{b}{3}+\frac{c}{2}+d.$$

3-ii

곡선 $y=f(x)$의 호 PQ와 선분 PQ로 둘러싸인 부분의 넓이를 $q(h)$라 하면

$$\Delta \mathrm{OPQ} - q(h) \le p(h) \le \Delta \mathrm{OPQ} + q(h)$$

$$\Leftrightarrow \frac{\Delta \mathrm{OPQ}}{h} - \frac{q(h)}{h} \le \frac{p(h)}{h} \le \frac{\Delta \mathrm{OPQ}}{h} + \frac{q(h)}{h}$$

이고,

$$\lim_{h\to 0+}\left\{\frac{\Delta \mathrm{OPQ}}{h} - \frac{q(h)}{h}\right\} \le \lim_{h\to 0+}\frac{p(h)}{h} \le \lim_{h\to 0+}\left\{\frac{\Delta \mathrm{OPQ}}{h} + \frac{q(h)}{h}\right\}$$

이다.

일반적으로 두 점 $\mathrm{A}(x_1,\ y_1)$, $\mathrm{B}(x_2,\ y_2)$를 지나는 직선의 방정식은

$$(y_2-y_1)(x-x_1)-(x_2-x_1)(y-y_1)=0$$

이다. 원점에서 이 직선까지의 거리는

$$\frac{|(y_2-y_1)(-x_1)-(x_2-x_1)(-y_1)|}{\sqrt{(y_2-y_1)^2+(x_2-x_1)^2}} = \frac{|x_1y_2-x_2y_1|}{\overline{\mathrm{AB}}}$$

이므로

$$\Delta \mathrm{OAB} = \frac{1}{2}\cdot\overline{\mathrm{AB}}\cdot\frac{|x_1y_2-x_2y_1|}{\overline{\mathrm{AB}}} = \frac{1}{2}|x_1y_2-x_2y_1|$$

이다. 이를 이용하면 두 점 P, Q의 좌표가 $\mathrm{P}(t,\ f(t))$, $\mathrm{Q}(t+h,\ f(t+h))$이므로

$$\begin{aligned}\frac{\Delta \mathrm{OPQ}}{h} &= \frac{1}{h}\cdot\frac{1}{2}|tf(t+h)-(t+h)f(t)| \\ &= \frac{1}{2h}|t\{f(t+h)-f(t)\}-hf(t)| \\ &= \frac{1}{2}\left|t\cdot\frac{f(t+h)-f(t)}{h}-f(t)\right|\end{aligned}$$

이다. $f(t)$는 미분가능한 함수이므로

$$\begin{aligned}\lim_{h\to 0+}\frac{\Delta \mathrm{OPQ}}{h} &= \frac{1}{2}\left|t\cdot\lim_{h\to 0+}\frac{f(t+h)-f(t)}{h}-f(t)\right| \\ &= \frac{1}{2}\left|t\cdot\lim_{h\to 0}\frac{f(t+h)-f(t)}{h}-f(t)\right| \\ &= \frac{1}{2}|tf'(t)-f(t)| \\ &= \frac{1}{2}|t(3at^2+2bt+c)-(at^3+bt^2+ct+d)| \\ &= \frac{1}{2}|2at^3+bt^2-d|\end{aligned}$$

이다. 또,

$$q(h) = \left|\int_t^{t+h} a(x-t)(x-t-h)(x-s)dx\right| \quad (\text{단, } a(-t)(-t-h)(-s)=d)$$

라 두면

$$\lim_{h\to 0+}\frac{q(h)}{h}=\lim_{h\to 0+}\frac{1}{h}\left|\int_0^h ax(x-h)(x+t-s)dx\right|$$
$$=\left|\lim_{h\to 0+}\frac{1}{h}\int_0^h a\{x^3+(t-s-h)x^2-(t-s)hx\}dx\right|$$
$$=\left|\lim_{h\to 0+}a\left\{\frac{h^3}{4}+(t-s-h)\frac{h^2}{3}-(t-s)\frac{h^2}{2}\right\}\right|=0$$

이다.

이상에서 $A(t)=\frac{1}{2}|2at^3+bt^2-d|$ 이다.

3-iii

두 조건 (가), (나)에 의해

$$A(t)=\frac{1}{2}|2at^3+bt^2-d|=|a(t-\alpha)^2(t-\beta)|$$

라 둘 수 있다.

$$at^3+\frac{b}{2}t^2-\frac{d}{2}=a(t^2-2\alpha t+\alpha^2)(t-\beta)$$

에서 양변의 계수를 비교하면

$$\frac{b}{2}=a(-2\alpha-\beta) \quad \cdots ①$$
$$0=a(2\alpha\beta+\alpha^2) \quad \cdots ②$$
$$-\frac{d}{2}=-a\alpha^2\beta \quad \cdots ③$$

이다. ③에서 a, d는 양수이므로 $\beta>0$, $\alpha\neq 0$이고, ②에서

$$2\beta+\alpha=0 \Leftrightarrow \alpha=-2\beta$$

이다. 따라서,

$$A(t)=|a(t+2\beta)^2(t-\beta)|$$

이다.

$g(t)=(t+2\beta)^2(t-\beta)$라 두면

$$g'(t)=2(t+2\beta)(t-\beta)+(t+2\beta)^2=3t(t+2\beta)$$

이므로 $g(t)$는 $t=-2\beta$에서 극대, $t=0$에서 극소이다. 따라서, $A(t)=a|g(t)|$는 $t=-2\beta$에서 극소, $t=0$에서 극대, $t=\beta$에서 극소이다.

(다)에 의해

$$A(0)=4a\beta^3=16 \Leftrightarrow a\beta^3=4 \quad \cdots ④$$

이다.

또, (라)에 의해

$$\int_0^{2\beta}A(t)dt=\int_0^{2\beta}a(t+2\beta)^2|t-\beta|dt$$
$$=\int_{-\beta}^{\beta}a(t+3\beta)^2|t|dt$$

$$= \int_{-\beta}^{\beta} a(t^2 + 6\beta t + 9\beta^2)|t|dt$$

$$= 2\int_{0}^{\beta} a(t^2 + 9\beta^2)|t|dt$$

$$= 2\int_{0}^{\beta} a(t^2 + 9\beta^2)tdt$$

$$= 2a\left[\frac{t^4}{4} + 9\beta^2 \cdot \frac{t^2}{2}\right]_0^{\beta}$$

$$= 2a\left(\frac{\beta^4}{4} + \frac{9}{2}\beta^4\right) = \frac{38}{4}a\beta^4 = 38 \quad \cdots ⑤$$

이다. ④, ⑤에서 $\alpha = -2$, $\beta = 1$, $a = 4$이다.

3-iv

3-iii의 풀이에서 $a = 4$, $\alpha = -2$, $\beta = 1$이므로

① : $\frac{b}{2} = a(-2\alpha - \beta) \Leftrightarrow b = 24$

③ : $-\frac{d}{2} = -a\alpha^2\beta \Leftrightarrow d = 32$

이고, 3-i의 풀이에서

$$\int_0^1 f(x)dx = \frac{a}{4} + \frac{b}{3} + \frac{c}{2} + d = 23 \Leftrightarrow 1 + 8 + \frac{c}{2} + 32 = 23$$

에서 $c = -36$이다.

따라서, $a = 4$, $b = 24$, $c = -36$, $d = 32$이다.

■ 성균관대 자연계 2023학년도 모의논술 예시답안

1-i

근과 계수의 관계에 의해

$\alpha+\beta=-a$, $\alpha\beta=-b$

이다. 또, f_n의 양변에 $\alpha-\beta$를 곱하면

$(\alpha-\beta)f_n=\alpha^{n+1}-\beta^{n+1}$

이다. 따라서,

$$\begin{aligned}(\alpha-\beta)f_{n+2}&=\alpha^{n+3}-\beta^{n+3}\\&=(\alpha+\beta)(\alpha^{n+2}-\beta^{n+2})-\alpha\beta(\alpha^{n+1}-\beta^{n+1})\\&=-a(\alpha-\beta)f_{n+1}+b(\alpha-\beta)f_n\\&=(\alpha-\beta)(-af_{n+1}+bf_n)\end{aligned}$$

이 성립한다. 이 식은 $\alpha-\beta$에 관한 항등식이므로

$f_{n+2}=-af_{n+1}+bf_n$

이 모든 자연수 n에 대하여 성립한다.

1-ii

$f_1=\alpha+\beta=-a$,

$f_2=\alpha^2+\alpha\beta+\beta^2=(\alpha+\beta)^2-\alpha\beta=a^2+b$

이므로 f_1과 f_2는 모두 정수이다.

자연수 k에 대하여 f_k와 f_{k+1}이 모두 정수라고 가정하면 1-i의 점화식으로부터

$f_{k+2}=-af_{k+1}+bf_k$

이므로 f_{k+2}는 정수이다.

따라서, 수학적 귀납법에 의해 모든 자연수 n에 대하여 f_n은 정수이고, 수열 $\{f_n\}$의 모든 항은 정수이다.

1-iii

1-i의 점화식을 이용하면

$f_1=-a$,

$f_2=a^2+b$,

$f_3=-af_2+bf_1=-a(a^2+b)-ab=-a^3-2ab$,

$f_4=-af_3+bf_2=-a(-a^3-2ab)+b(a^2+b)=a^4+3a^2b+b^2$,

$f_5=-af_4+bf_3=-a(a^4+3a^2b+b^2)+b(-a^3-2ab)=-a^5-4a^3b-3ab^2$

이다.

$|f_5|=a^5+4a^3b+3ab^2$

이고, 가능한 $(a,\ b)$의 순서쌍은

$(a,\ b)=(0,\ 5),\ (1,\ 4),\ (2,\ 3),\ (3,\ 2),\ (4,\ 1),\ (5,\ 0)$

이므로 $|f_5|>1000$인 경우는 $(a,\ b)=(4,\ 1),\ (5,\ 0)$이다.

따라서, 이러한 결과가 나올 경우의 수는

$${}_5\mathrm{C}_1 + {}_5\mathrm{C}_0 = 6$$

이다.

2-i

$$x = 5a - 8b - \frac{b+2}{3}$$

이고, x가 정수이므로 $b = 3k+1$ (단, k는 음이 아닌 정수)이라 둘 수 있다. 이때,

$$x = 5a - 8(3k+1) - (k+1) = 5a - 25k - 9 = 5(a-5k-2)+1$$

이다. 여기서, x가 음이 아닌 정수이려면 $a-5k-2$도 음이 아닌 정수여야 한다. 그런데, a와 k가 음이 아닌 정수이므로 $a-5k-2$는 임의의 음이 아닌 정숫값을 가질 수 있다. 예를 들어 $k=0$, a는 1이 아닌 자연수라 하면 $a-5k-2$는 음이 아닌 모든 정숫값을 나타낼 수 있다.

따라서, 수열 a_1, a_2, a_3, $\cdots$은 첫째항이 1이고 공차가 5인 등차수열이므로

$$a_{100} = 1 + 99 \times 5 = 496$$

이다.

2-ii

2-i에서

$$a_n = 1 + (n-1) \times 5 = 5n - 4$$

이다. 따라서,

$$\sum_{n=11}^{20} a_n^2 = \sum_{n=1}^{10} a_{n+10}^2 = \sum_{n=1}^{10} (5n+46)^2 = 25 \cdot \frac{10 \cdot 11 \cdot 21}{6} + 460 \cdot \frac{10 \cdot 11}{2} + 21160 = 56085$$

이다.

2-iii

2-i에서 $a_n = 5n-4$이므로

$$b_n = (5n-4) - c(n-1) = (5-c)n + c - 4$$

이다. 따라서,

$$T_n = \sum_{k=1}^{n} b_k = (5-c) \cdot \frac{n(n+1)}{2} + (c-4)n = \frac{5-c}{2}n^2 + \frac{c-3}{2}n,$$

$$T_{2n} = \frac{5-c}{2} \cdot 4n^2 + \frac{c-3}{2} \cdot 2n = 2(5-c)n^2 + (c-3)n$$

이고,

$$\begin{aligned} T_n : T_{2n} &= \frac{5-c}{2}n^2 + \frac{c-3}{2}n : 2(5-c)n^2 + (c-3)n \\ &= (5-c)n + c - 3 : 2(5-c)n + (c-3) \end{aligned}$$

이다. 이 비가 n의 값에 관계없이 일정하려면 두 식의 n의 계수와 상수항의 비가 같거나 n의 계수가 0이거나 상수항이 0이어야 한다. 따라서, 가능한 경우는

$$5 - c = 0 \text{ 또는 } c - 3 = 0 \iff c = 5 \text{ 또는 } c = 3$$

이다.

3-i

$f(x)$의 절댓값 기호를 풀어 정리하자.

i) $x \leq -2$일 때

$f(x) = x + (x+2) - (x+1) + (x-1) - (x-2) = x+2$

ii) $-2 < x \leq -1$일 때

$f(x) = x - (x+2) - (x+1) + (x-1) - (x-2) = -x-2$

iii) $-1 < x \leq 1$일 때

$f(x) = x - (x+2) + (x+1) + (x-1) - (x-2) = x$

iv) $1 < x \leq 2$일 때

$f(x) = x - (x+2) + (x+1) - (x-1) - (x-2) = -x+2$

v) $x > 2$일 때

$f(x) = x - (x+2) + (x+1) - (x-1) + (x-2) = x-2$

함수 $f(x)$는 연속함수이므로 증가하다가 감소하는 경계점에서 극대가 된다. 따라서, 위의 결과를 증감표로 나타내면 아래와 같다.

x	$\cdots$	-2	$\cdots$	-1	$\cdots$	1	$\cdots$	2	$\cdots$
$f(x)$	↗	극대	↘	극소	↗	극대	↘	극소	↗

위의 표로부터 구하는 $a = -2,\ 1$이다.

3-ii

$g(x) = |x|^3 - x^2$은 우함수이다. 또, $x \geq 0$이면

$g(x) = x^3 - x^2,$

$g'(x) = 3x^2 - 2x = x(3x-2)$

이므로 $g(x)$는 $x=0$에서 극대, $x = \pm\dfrac{2}{3}$에서 극소이고, 그래프는 오른쪽 그림과 같다.

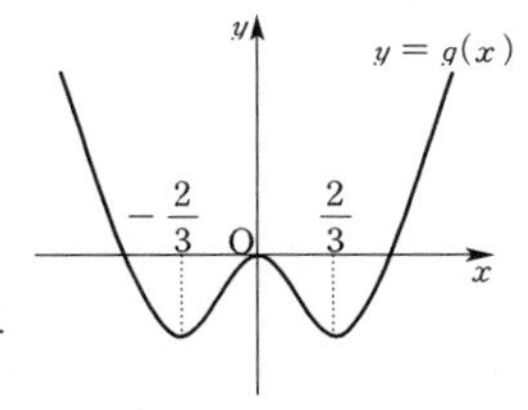

따라서, $f(x)$의 값이 증가하거나 감소하면서 0을 지나면 $h(x) = (g \circ f)(x)$는 극대가 되고, $\pm\dfrac{2}{3}$를 지나면 극소가 된다. 또, $f(x)$가 0이나 $\pm\dfrac{2}{3}$를 지나지 않더라도 $(g \circ f)(x)$의 증감이 바뀌는 위치에서 극값을 갖는다.

이러한 사실을 고려하고, 3-i에서 얻은 함수 $f(x) = \begin{cases} x+2 & (x \leq -2) \\ -x-2 & (-2 < x \leq -1) \\ x & (-1 < x \leq 1) \\ 2-x & (1 < x \leq 2) \\ x-2 & (x > 2) \end{cases}$ 를 이용하여 합성함수 $g(f(x))$의 증감표를 구하면 아래와 같다.

x	$\cdots$	$-\dfrac{8}{3}$	$\cdots$	-2	$\cdots$	$-\dfrac{4}{3}$	$\cdots$	-1	$\cdots$	$-\dfrac{2}{3}$	$\cdots$	0
$f(x)$	↗	$-\dfrac{2}{3}$	↗	0	↘	$-\dfrac{2}{3}$	↘	-1	↗	$-\dfrac{2}{3}$	↗	0
$g(f(x))$	↘	극소	↗	극대	↘	극소	↗	극대	↘	극소	↗	극대

x	0	$\cdots$	$\frac{2}{3}$	$\cdots$	1	$\cdots$	$\frac{4}{3}$	$\cdots$	2	$\cdots$	$\frac{8}{3}$	$\cdots$
$f(x)$	0	↗	0	↗	1	↘	$\frac{2}{3}$	↘	0	↗	$\frac{2}{3}$	↗
$g(f(x))$	극대	↘	극소	↗	극대	↘	극소	↗	극대	↘	극소	↗

따라서, 함수 $h(x)$가 극대이기 위한 a의 절댓값의 합은

$|-2|+|-1|+0+1+2=6$

이고, 극소이기 위한 b의 절댓값의 합은

$$\left|-\frac{8}{3}\right|+\left|-\frac{4}{3}\right|+\left|-\frac{2}{3}\right|+\frac{2}{3}+\frac{4}{3}+\frac{8}{3}=\frac{28}{3}$$

이다.

3-iii

함수 $f(x)=\begin{cases} x+2 & (x\le -2) \\ -x-2 & (-2<x\le -1) \\ x & (-1<x\le 1) \\ 2-x & (1<x\le 2) \\ x-2 & (x>2) \end{cases}$ 이고, 함수 $g(x)=|x|^3-x^2$는 우함수이다. 이런 특성과 정적분의 평행이동을 이용하면

$$\begin{aligned}\int_{-2}^{2}h(x)dx &= \int_{-2}^{2}g(f(x))dx \\ &= \int_{-2}^{-1}g(-x-2)dx+\int_{-1}^{1}g(x)dx+\int_{1}^{2}g(2-x)dx \\ &= \int_{-2}^{-1}g(x+2)dx+2\int_{0}^{1}g(x)dx+\int_{1}^{2}g(x-2)dx \\ &= \int_{0}^{1}g(x)dx+2\int_{0}^{1}g(x)dx+\int_{-1}^{0}g(x)dx \\ &= 4\int_{0}^{1}g(x)dx=4\int_{0}^{1}(x^3-x^2)dx=4\left(\frac{1}{4}-\frac{1}{3}\right)=-\frac{1}{3}\end{aligned}$$

이다.

■ 성균관대 자연계 2022학년도 수시논술 1교시 예시답안

1-i

$S_n = n^2 + n + 1$이므로

$n \ge 2$일 때

$a_n = S_n - S_{n-1} = (n^2 + n + 1) - \{(n-1)^2 + (n-1) + 1\} = 2n$,

$a_1 = S_1 = 3$

이다. 또, 삼각형의 위 꼭짓점에서부터 k번째 줄의 가장 오른쪽에 배열되는 수의 항 번호는

$$1 + 2 + \cdots + k = \frac{1}{2}k(k+1)$$

이다. 따라서, 삼각형의 위 꼭짓점에서부터 50번째 줄까지 각 줄의 가장 오른쪽에 배열되는 수들의 합은

$$\begin{aligned}\sum_{k=1}^{50} a_{\frac{k(k+1)}{2}} = a_1 + \sum_{k=2}^{50} a_{\frac{k(k+1)}{2}} = 3 + \sum_{k=2}^{50} k(k+1) = 3 + \sum_{k=1}^{49} (k+1)(k+2) \\ = 3 + \sum_{k=1}^{49} (k+1)(k+2)\{(k+3) - k\} \times \frac{1}{3} \\ = 3 + \frac{1}{3}\sum_{k=1}^{49} \{-k(k+1)(k+2) + (k+1)(k+2)(k+3)\} \\ = 3 + \frac{1}{3}(-1 \cdot 2 \cdot 3 + 50 \cdot 51 \cdot 52) \\ = 44201\end{aligned}$$

이다.

[다른 풀이 1]

$$\begin{aligned}3 + \sum_{k=2}^{50} k(k+1) = 3 + \sum_{k=1}^{50} k(k+1) - 2 = 1 + \frac{1}{3}\sum_{k=1}^{50} \{-(k-1)k(k+1) + k(k+1) + (k+2)\} \\ = 1 + \frac{1}{3} \cdot 50 \cdot 51 \cdot 52 = 44201\end{aligned}$$

[다른 풀이 2]

$$3 + \sum_{k=2}^{50} k(k+1) = 3 + \sum_{k=1}^{50} k(k+1) - 2 = \sum_{k=1}^{50} (k^2 + k) + 1 = \frac{50 \cdot 51 \cdot 101}{6} + \frac{50 \cdot 51}{2} + 1 = 44201$$

1-ii

짝수 번째 줄의 배열을 역순으로 하면 그 줄의 가장 오른쪽에 배열되는 수는 바로 윗줄의 가장 오른쪽에 배열되는 수 다음의 수이다. 또, 바로 윗줄은 홀수 번째 줄이다.

1-i에서 $a_n = \begin{cases} 3 & (n = 1) \\ 2n & (n \ge 2) \end{cases}$이므로 이를 이용하자.

n이 자연수일 때 $2n-1$번째 줄의 가장 오른쪽에 배열되는 수의 항 번호는

$$\frac{(2n-1) \cdot 2n}{2} = 2n^2 - n$$

이고,

$$a_{2n^2-n}=\begin{cases}3 & (n=1)\\ 4n^2-2n & (n\ge 2)\end{cases}$$

이다. 또, a_{2n^2-n} 다음의 수는

$$\begin{cases}4 & (n=1)\\ a_{2n^2-n}+2 & (n\ge 2)\end{cases}=\begin{cases}4 & (n=1)\\ 4n^2-2n+2 & (n\ge 2)\end{cases}$$

이다. 따라서, 구하는 합은

$$\left\{3+\sum_{n=2}^{25}(4n^2-2n)\right\}+\left\{4+\sum_{n=2}^{25}\{(4n^2-2n)+2\}\right\}$$

$$=2\times\sum_{n=1}^{25}(4n^2-2n)+55=2\times\sum_{n=1}^{25}(4n^2-2n)+51$$

$$=2\times\left(4\cdot\frac{25\cdot 26\cdot 51}{6}-25\cdot 26\right)+51=42951$$

이다.

1-iii

1-i과 같이 하면

$$a_n=\begin{cases}2 & (n=1)\\ 2^n-2^{n-1} & (n\ge 2)\end{cases}=\begin{cases}2 & (n=1)\\ 2^{n-1} & (n\ge 2)\end{cases}$$

이다.

1-ii와 같이 하면 n이 자연수일 때 $2n-1$번째 줄의 가장 오른쪽에 배열되는 수의 항 번호는 $2n^2-n$이고,

$$a_{2n^2-n}=\begin{cases}2 & (n=1)\\ 2^{2n^2-n-1} & (n\ge 2)\end{cases}$$

이다. 또, a_{2n^2-n} 다음의 수는

$$\begin{cases}2 & (n=1)\\ 2\cdot 2^{2n^2-n-1} & (n\ge 2)\end{cases}=\begin{cases}2 & (n=1)\\ 2^{2n^2-n} & (n\ge 2)\end{cases}$$

이다. 구하는 곱을 2의 거듭제곱으로 나타내면 지수는 각 항의 지수의 합이다. 따라서, 구하는 곱은

$$2^{1+\sum_{n=2}^{25}(2n^2-n-1)+1+\sum_{n=2}^{25}(2n^2-n)}$$

$$=2^{2\times\sum_{n=2}^{25}(2n^2-n)-22}=2^{2\times\sum_{n=1}^{25}(2n^2-n)-24}$$

$$=2^{\left(4\cdot\frac{25\cdot 26\cdot 51}{6}-25\cdot 26\right)-24}=2^{21426}$$

이다.

2-i

$$f(x)=\begin{cases}-x^2-x & (x\le 0)\\ x^2-x & (x>0)\end{cases}$$

이므로 곡선 $y=f(x)$는 $x\le 0$에서 위로 볼록하고, $x\ge 0$에서 아래로 볼록하다. 따라서, 곡선 $y=f(x)$의 $x<0$인 부분에서 접선이 이 곡선과 다시 만나는 점은 $x>0$인 부분에 있고, $x>0$인 부분에서 접선이 이 곡선과 다시 만나는 점은 $x<0$인 부분에 있다.

$b<0$일 때 $f(b)=-b^2-b$이므로 곡선 $y=f(x)$ 위의 점 $(b,\ f(b))$에서의 접선의 방정식은

$$y-(-b^2-b)=(-2b-1)(x-b)\iff y=-(2b+1)x+b^2$$

이다. 곡선 $y=f(x)$의 $x>0$인 부분은 $y=x^2-x$이므로 접선의 방정식과 연립하면

$$x^2-x=-(2b+1)x+b^2\iff x^2+2bx-b^2=0$$

이다. 이 이차방정식의 해 중 $x>0$인 것을 택하면

$$g(b)=-b+\sqrt{b^2+b^2}=-b+\sqrt{2}|b|=-b-\sqrt{2}b=-(1+\sqrt{2})b$$

이다.

같은 방법으로 $b>0$일 때 곡선 $y=f(x)$ 위의 점 $(b,\ f(b))$에서의 접선의 방정식은

$$y-(b^2-b)=(2b-1)(x-b)\iff y=(2b-1)x-b^2$$

이고, $g(b)$는 이차방정식

$$-x^2-x=(2b-1)x-b^2\iff x^2+2bx-b^2=0$$

의 해 중 $x<0$인 것을 택하면

$$g(b)=-b-\sqrt{b^2+b^2}=-b-\sqrt{2}|b|=-b-\sqrt{2}b=-(1+\sqrt{2})b$$

이다. $g(0)=0$이므로 구하는 함수 $g(x)$는

$$g(x)=-(1+\sqrt{2})x$$

이다.

함수 $h(x)$는 함수 $g(x)$의 역함수이므로

$$y=h(x)\iff x=g(y)=-(1+\sqrt{2})y$$

이고,

$$x=-(1+\sqrt{2})h(x)\iff h(x)=(1-\sqrt{2})x$$

이다.

2-ii

$\alpha = 1-\sqrt{2}$ 이므로 2-i에 의해

$$x_{n+1} = h(x_n) = (1-\sqrt{2})x_n = \alpha x_n$$

이고, $x_0 = 1$ 이므로 음이 아닌 정수 n에 대하여

$$x_n = \alpha^n x_0 = \alpha^n$$

이다.

함수 $h(x)$가 함수 $g(x)$의 역함수이므로

$$x_{n+1} = h(x_n) \Leftrightarrow x_n = g(x_{n+1})$$

이고, $g(x_{n+1})$은 $(x_{n+1},\ f(x_{n+1}))$에서의 접선이 접점을 제외한 곡선 $y = f(x)$와 다시 만나는 점의 x좌표이다. 따라서, 두 점 $P_{2m}(x_{2m},\ y_{2m})$, $P_{2m+1}(x_{2m+1},\ y_{2m+1})$을 잇는 직선 $y = L_{2m}(x)$는 점 P_{2m+1}에서 $y = f(x)$의 접선의 방정식이다. $x_{2m+1} = \alpha^{2m+1} < 0$ 이므로

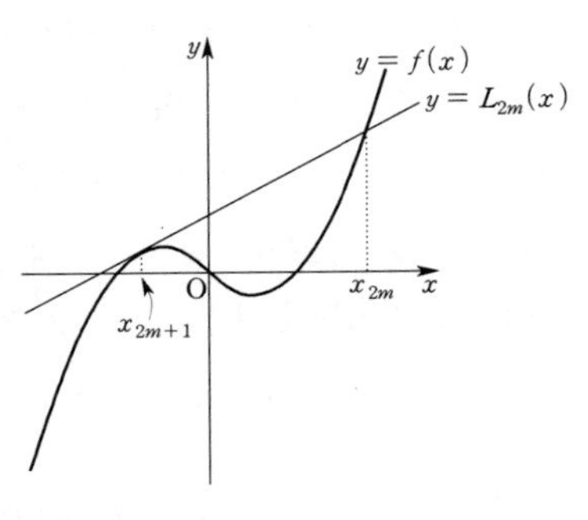

$$y_{2m+1} = f(x_{2m+1}) = -x_{2m+1}^2 - x_{2m+1} = -\alpha^{4m+2} - \alpha^{2m+1}$$

이고, $x < 0$ 에서 $f'(x) = -2x-1$ 이므로

$$f'(x_{2m+1}) = -2x_{2m+1} - 1 = -2\alpha^{2m+1} - 1$$

이다. 따라서,

$$y = L_{2m}(x) \Leftrightarrow y + (\alpha^{4m+2} + \alpha^{2m+1}) = (-2\alpha^{2m+1} - 1)(x - \alpha^{2m+1})$$

이므로 $L_{2m}(x)$의 x의 계수는 $-2\alpha^{2m+1} - 1$이고, 상수항은

$$(-2\alpha^{2m+1} - 1)(-\alpha^{2m+1}) - (\alpha^{4m+2} + \alpha^{2m+1}) = \alpha^{4m+2}$$

이다.

같은 방법으로 하면 직선 $y = L_{2m+1}(x)$는 점 $P_{2m+2}(x_{2m+2},\ y_{2m+2})$에서 $y = f(x)$의 접선의 방정식이다. $x_{2m+2} = \alpha^{2m+2} > 0$ 이므로

$$y_{2m+2} = f(x_{2m+2}) = x_{2m+2}^2 - x_{2m+2} = \alpha^{4m+4} - \alpha^{2m+2}$$

이고, $x > 0$ 에서 $f'(x) = 2x - 1$ 이므로

$$f'(x_{2m+2}) = 2x_{2m+2} - 1 = 2\alpha^{2m+2} - 1$$

이다. 따라서,

$$y = L_{2m+1}(x) \Leftrightarrow y - (\alpha^{4m+4} - \alpha^{2m+2}) = (2\alpha^{2m+2} - 1)(x - \alpha^{2m+2})$$

이므로 $L_{2m+1}(x)$의 x의 계수는 $2\alpha^{2m+2} - 1$이고, 상수항은

$$(2\alpha^{2m+2} - 1)(-\alpha^{2m+2}) - (\alpha^{4m+4} + \alpha^{2m+2}) = -\alpha^{4m+4}$$

이다.

[다른 풀이]

$$x_{2m} = \alpha^{2m} > 0 \text{ 이므로}$$

$$y_{2m} = f(x_{2m}) = x_{2m}^2 - x_{2m} = \alpha^{4m} - \alpha^{2m}$$

이고, $x_{2m+1} = \alpha^{2m+1} < 0$ 이므로

$$y_{2m+1} = f(x_{2m+1}) = -x_{2m+1}^2 - x_{2m+1} = -\alpha^{4m+2} - \alpha^{2m+1}$$

이다. 따라서,

$$
\begin{aligned}
L_{2m}(x) &= \frac{y_{2m+1}-y_{2m}}{x_{2m+1}-x_{2m}}(x-x_{2m})+y_{2m} \\
&= \frac{(-\alpha^{4m+2}-\alpha^{2m+1})-(\alpha^{4m}-\alpha^{2m})}{\alpha^{2m+1}-\alpha^{2m}}(x-\alpha^{2m})+(\alpha^{4m}-\alpha^{2m}) \\
&= \frac{(-\alpha^{2m+2}-\alpha)-(\alpha^{2m}-1)}{\alpha-1}(x-\alpha^{2m})+(\alpha^{4m}-\alpha^{2m}) \\
&= \frac{-(4-2\sqrt{2})\alpha^{2m}+\sqrt{2}}{-\sqrt{2}}(x-\alpha^{2m})+(\alpha^{4m}-\alpha^{2m}) \\
&= \{(2\sqrt{2}-2)\alpha^{2m}-1\}(x-\alpha^{2m})+(\alpha^{4m}-\alpha^{2m}) \\
&= -(2\alpha^{2m+1}+1)(x-\alpha^{2m})+(\alpha^{4m}-\alpha^{2m}) \\
&= -(2\alpha^{2m+1}+1)x+(2\alpha^{4m+1}+\alpha^{2m})+(\alpha^{4m}-\alpha^{2m}) \\
&= -(2\alpha^{2m+1}+1)x+\alpha^{4m}(2\alpha+1) \\
&= -(2\alpha^{2m+1}+1)x+\alpha^{4m}(3-2\sqrt{2}) \\
&= -(2\alpha^{2m+1}+1)x+\alpha^{4m+2}
\end{aligned}
$$

이다.

2-iii

A_{2m}은 직선 $y=L_{2m}(x)$와 곡선 $y=f(x)$ 사이의 넓이이다.

오른쪽 그림에서

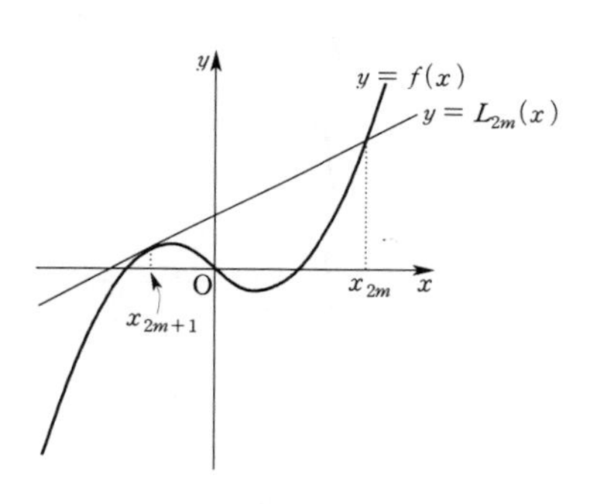

$$A_{2m}=\int_{x_{2m+1}}^{x_{2m}}\{L_{2m}(x)-f(x)\}dx$$

이고, 2-ii에서

$$L_{2m}(x)=(-2\alpha^{2m+1}-1)x+\alpha^{4m+2},$$

$$f(x)=\begin{cases}-x^2-x & (x\le 0)\\ x^2-x & (x>0)\end{cases}$$

이므로

$$
\begin{aligned}
A_{2m} &= \int_{x_{2m+1}}^{x_{2m}}\{(-2\alpha^{2m+1}-1)x+\alpha^{4m+2}\}dx-\int_{x_{2m+1}}^{0}(-x^2-x)dx-\int_{0}^{x_{2m}}(x^2-x)dx \\
&= \left[(-2\alpha^{2m+1}-1)\cdot\frac{1}{2}x^2+\alpha^{4m+2}x\right]_{x_{2m+1}}^{x_{2m}}-\left(\frac{1}{3}x_{2m+1}^3+\frac{1}{2}x_{2m+1}^2\right)-\left(\frac{1}{3}x_{2m}^3-\frac{1}{2}x_{2m}^2\right) \\
&= \left[(-2\alpha^{2m+1}-1)\cdot\frac{1}{2}(x_{2m}^2-x_{2m+1}^2)+\alpha^{4m+2}(x_{2m}-x_{2m+1})\right] \\
&\qquad -\left(\frac{1}{3}\alpha^{6m+3}+\frac{1}{2}\alpha^{4m+2}\right)-\left(\frac{1}{3}\alpha^{6m}-\frac{1}{2}\alpha^{4m}\right) \\
&= \left[(-2\alpha^{2m+1}-1)\cdot\frac{1}{2}(\alpha^{4m}-\alpha^{4m+2})+\alpha^{4m+2}(\alpha^{2m}-\alpha^{2m+1})\right] \\
&\qquad -\frac{1}{3}\alpha^{6m}(\alpha^3+1)+\frac{1}{2}\alpha^{4m}(1-\alpha^2) \\
&= \left[(-2\alpha^{2m+1}-1)\cdot\frac{1}{2}\alpha^{4m}(1-\alpha^2)+\alpha^{6m}(\alpha^2-\alpha^3)\right]-\frac{1}{3}\alpha^{6m}(\alpha^3+1)+\frac{1}{2}\alpha^{4m}(1-\alpha^2)
\end{aligned}
$$

$$=-2\alpha^{2m+1}\cdot\frac{1}{2}\alpha^{4m}(1-\alpha^2)+\alpha^{6m}\left(\alpha^2-\alpha^3-\frac{1}{3}\alpha^3-\frac{1}{3}\right)$$
$$=\alpha^{6m}\left\{(-\alpha+\alpha^3)+\left(\alpha^2-\frac{4}{3}\alpha^3-\frac{1}{3}\right)\right\}$$
$$=-\frac{1}{3}\alpha^{6m}(\alpha^3-3\alpha^2+3\alpha+1)$$

이다. 여기서, $\alpha=1-\sqrt{2}$ 이므로 $\alpha^2-2\alpha-1=0$ 이고,

$$\alpha^3-3\alpha^2+3\alpha+1=(\alpha^2-2\alpha-1)(\alpha-1)+2\alpha=2\alpha$$

이므로

$$A_{2m}=-\frac{2}{3}\alpha^{6m+1}$$

이다.

같은 방법으로 하면 A_{2m+1}은 직선 $y=L_{2m+1}(x)$와 곡선 $y=f(x)$ 사이의 넓이이다.

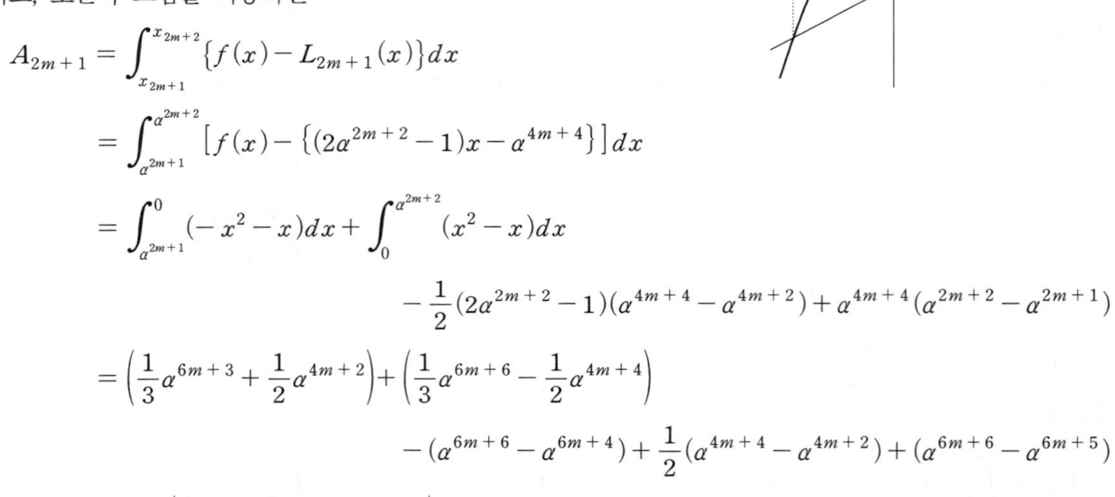

2-ii에서

$$L_{2m+1}(x)=(2\alpha^{2m+2}-1)x-\alpha^{4m+4}$$

이고, 오른쪽 그림을 이용하면

$$A_{2m+1}=\int_{x_{2m+1}}^{x_{2m+2}}\{f(x)-L_{2m+1}(x)\}dx$$
$$=\int_{\alpha^{2m+1}}^{\alpha^{2m+2}}\left[f(x)-\left\{(2\alpha^{2m+2}-1)x-\alpha^{4m+4}\right\}\right]dx$$
$$=\int_{\alpha^{2m+1}}^{0}(-x^2-x)dx+\int_{0}^{\alpha^{2m+2}}(x^2-x)dx$$
$$-\frac{1}{2}(2\alpha^{2m+2}-1)(\alpha^{4m+4}-\alpha^{4m+2})+\alpha^{4m+4}(\alpha^{2m+2}-\alpha^{2m+1})$$
$$=\left(\frac{1}{3}\alpha^{6m+3}+\frac{1}{2}\alpha^{4m+2}\right)+\left(\frac{1}{3}\alpha^{6m+6}-\frac{1}{2}\alpha^{4m+4}\right)$$
$$-(\alpha^{6m+6}-\alpha^{6m+4})+\frac{1}{2}(\alpha^{4m+4}-\alpha^{4m+2})+(\alpha^{6m+6}-\alpha^{6m+5})$$
$$=\alpha^{6m}\left(\frac{1}{3}\alpha^3+\frac{1}{3}\alpha^6+\alpha^4-\alpha^5\right)$$
$$=\frac{1}{3}\alpha^{6m+3}(\alpha^3-3\alpha^2+3\alpha+1)$$

이다. 여기서, $\alpha=1-\sqrt{2}$ 이므로 $\alpha^2-2\alpha-1=0$ 이고,

$$\alpha^3-3\alpha^2+3\alpha+1=(\alpha^2-2\alpha-1)(\alpha-1)+2\alpha=2\alpha$$

이므로

$$A_{2m+1}=\frac{2}{3}\alpha^{6m+4}$$

이다.

[다른 풀이]

$\int_{x_{2m+1}}^{x_{2m}} L_{2m}(x)dx$의 계산에서 사다리꼴의 넓이를 이용하면 다음과 같다.

$$\begin{aligned} A_{2m} &= \frac{1}{2}\{f(x_{2m+1})+f(x_{2m})\}\cdot(x_{2m}-x_{2m+1})-\int_{x_{2m+1}}^{0}(-x^2-x)dx-\int_0^{x_{2m}}(x^2-x)dx \\ &= \frac{1}{2}\left\{(-x_{2m+1}^2-x_{2m+1})+(x_{2m}^2-x_{2m})\right\}(\alpha^{2m}-\alpha^{2m+1}) \\ &\qquad -\left(\frac{1}{3}\alpha^{6m+3}+\frac{1}{2}\alpha^{4m+2}\right)-\left(\frac{1}{3}\alpha^{6m}-\frac{1}{2}\alpha^{4m}\right) \\ &= \frac{1}{2}\left\{(-\alpha^{4m+2}-\alpha^{2m+1})+(\alpha^{4m}-\alpha^{2m})\right\}(\alpha^{2m}-\alpha^{2m+1})-\frac{1}{3}\alpha^{6m}(\alpha^3+1)+\frac{1}{2}\alpha^{4m}(1-\alpha^2) \\ &= \frac{1}{2}\left\{\alpha^{4m}(1-\alpha^2)-\alpha^{2m}(\alpha+1)\right\}\cdot\alpha^{2m}(1-\alpha)-\frac{1}{3}\alpha^{6m}(\alpha^3+1)+\frac{1}{2}\alpha^{4m}(1-\alpha^2) \\ &= \frac{1}{6}\alpha^{6m}\{3(1-\alpha^2)(1-\alpha)-2(\alpha^3+1)\} \\ &= \frac{1}{6}\alpha^{6m}(\alpha^3-3\alpha^2-3\alpha+1) \end{aligned}$$

이다. 여기서,

$$\alpha^3-3\alpha^2-3\alpha+1=(\alpha^2-2\alpha-1)(\alpha-1)-4\alpha=-4\alpha$$

이므로

$$A_{2m}=-\frac{2}{3}\alpha^{6m+1}$$

이다.

2-iv

2-iii으로부터

$$\frac{A_{2m+1}}{A_{2m}}=\frac{\frac{2}{3}\alpha^{6m+4}}{-\frac{2}{3}\alpha^{6m+1}}=-\alpha^3=-(1-\sqrt{2})^3=(\sqrt{2}-1)^3=5\sqrt{2}-7$$

이고, 이는 m에 관계없이 항상 일정하다.

■ 성균관대 자연계 2022학년도 수시논술 2교시 예시답안

1-i

직선 L의 방정식을 $y=kx$ (단, $k>0$)라 하면, 직선 $y=kx$가 사차함수 $y=f(x)$와 두 점 $(a,\ f(a))$와 $(b,\ f(b))$에서 접하므로 사차방정식

$$f(x)=kx \Leftrightarrow f(x)-kx=0$$

은 두 중근 $a,\ b$를 갖는다. $f(x)$의 최고차항의 계수는 -1이므로

$$f(x)-kx=-(x-a)^2(x-b)^2 \Leftrightarrow f(x)=-(x-a)^2(x-b)^2+kx$$

이다. 곡선 $y=f(x)$ 위의 점 $(c,\ f(c))$에서 접선이 직선 L과 평행하다면

$$f'(c)=k \Leftrightarrow -2(c-a)(c-b)^2-2(c-a)^2(c-b)+k=k$$
$$\Leftrightarrow (c-a)(c-b)\{(c-b)+(c-a)\}=0$$

이고, $0<a<c<b$이므로 $c=\dfrac{a+b}{2}$이다.

1-ii

1-i에서 $f(x)=-(x-a)^2(x-b)^2+kx$이므로

$$f'(x)=-2(x-a)(x-b)^2-2(x-a)^2(x-b)+k,$$
$$f''(x)=-2(x-b)^2-4(x-a)(x-b)-4(x-a)(x-b)-2(x-a)^2$$
$$=-12x^2+12(a+b)x-2a^2-2b^2-8ab$$
$$=-2\{6x^2-6(a+b)x+a^2+b^2+4ab\}$$

이다. $f''(x)=0$에서

$$x=\frac{3(a+b)\pm\sqrt{9(a+b)^2-6(a^2+b^2+4ab)}}{6}=\frac{a+b}{2}\pm\frac{\sqrt{3a^2-6ab+3b^2}}{6}=\frac{a+b}{2}\pm\frac{b-a}{2\sqrt{3}}$$

이고, 이 둘 중 작은 것을 x_1, 큰 것을 x_2라 하면 $f'(x)$의 증감표는 오른쪽과 같다.

x	$\cdots$	x_1	$\cdots$	x_2	$\cdots$
$f''(x)$	$-$	0	$+$	0	$-$
$f'(x)$	↘	극소	↗	극대	↘

따라서, $f'(x)$는 $x=x_2$에서 극대이다.

여기서, $x_2=\dfrac{a+b}{2}+\dfrac{b-a}{2\sqrt{3}}=\dfrac{\sqrt{3}-1}{2\sqrt{3}}a+\dfrac{\sqrt{3}+1}{2\sqrt{3}}b$이고,

$$(x_2-c)(x_2-b)=\frac{b-a}{2\sqrt{3}}\left(\frac{\sqrt{3}-1}{2\sqrt{3}}a+\frac{-\sqrt{3}+1}{2\sqrt{3}}b\right)=-\frac{\sqrt{3}-1}{12}(b-a)^2<0$$

이므로 $c<x_2<b$이고, $x_1<c$이므로 $f'(x)$는 $a<x<b$에서 $x=x_2$일 때 극대이자 최대이다.

따라서, 구하는

$$d=x_2=\frac{\sqrt{3}-1}{2\sqrt{3}}a+\frac{\sqrt{3}+1}{2\sqrt{3}}b=\frac{3-\sqrt{3}}{6}a+\frac{3+\sqrt{3}}{6}b$$

이다.

1-iii

두 점 $(c,\ f(c))$와 $(b,\ f(b))$를 잇는 직선의 방정식은

$$y-f(b)=\frac{f(c)-f(b)}{c-b}(x-b) \Leftrightarrow y=\frac{f(c)-f(b)}{c-b}(x-b)+f(b)$$

이다. 이 직선과 곡선 $y=f(x)$의 교점의 x좌표는

$$f(x)=\frac{f(c)-f(b)}{c-b}(x-b)+f(b) \Leftrightarrow f(x)-f(b)=\frac{f(c)-f(b)}{c-b}(x-b)$$

의 실근 중 $x\neq b$, $x\neq c$인 근이다.

$f(x)=-(x-a)^2(x-b)^2+kx$이므로

$f(x)-f(b)=-(x-a)^2(x-b)^2+k(x-b)$,

$f(c)-f(b)=-(c-a)^2(c-b)^2+k(c-b)$

이고, 이를 대입하면

$$-(x-a)^2(x-b)^2+k(x-b)=\{-(c-a)^2(c-b)+k\}(x-b)$$

이고, $x\neq b$이면

$$-(x-a)^2(x-b)+k=-(c-a)^2(c-b)+k$$

$$\Leftrightarrow (x-a)^2(x-b)-(c-a)^2(c-b)=0$$

$$\Leftrightarrow \{x^3-(2a+b)x^2+(a^2+2ab)x-a^2b\}-\{c^3-(2a+b)c^2+(a^2+2ab)c-a^2b\}=0$$

$$\Leftrightarrow (x-c)\{(x^2+cx+c^2)-(2a+b)(x+c)+(a^2+2ab)\}=0$$

이고, $x\neq c$이면

$$(x^2+cx+c^2)-(2a+b)(x+c)+(a^2+2ab)=0$$

$$\Leftrightarrow x^2-(2a+b-c)x+(c^2-2ac-bc+a^2+2ab)=0$$

$$\Leftrightarrow x^2-(2a+b-c)x+(c-a)^2-bc+2ab=0$$

이고, $c=\dfrac{a+b}{2}$를 대입하면

$$x^2-\frac{3a+b}{2}x+\left(\frac{a-b}{2}\right)^2-\frac{ab+b^2}{2}+2ab=0$$

$$\Leftrightarrow 4x^2-2(3a+b)x+a^2+4ab-b^2=0$$

$$\Leftrightarrow x=\frac{3a+b\pm\sqrt{(3a+b)^2-4(a^2+4ab-b^2)}}{4}=\frac{3a+b\pm\sqrt{5}(b-a)}{4}$$

이다. 오른쪽 그림에서 e는 위의 두 근 중 큰 쪽이므로

$$e=\frac{3a+b+\sqrt{5}(b-a)}{4}=\frac{3-\sqrt{5}}{4}a+\frac{1+\sqrt{5}}{4}b$$

이다.

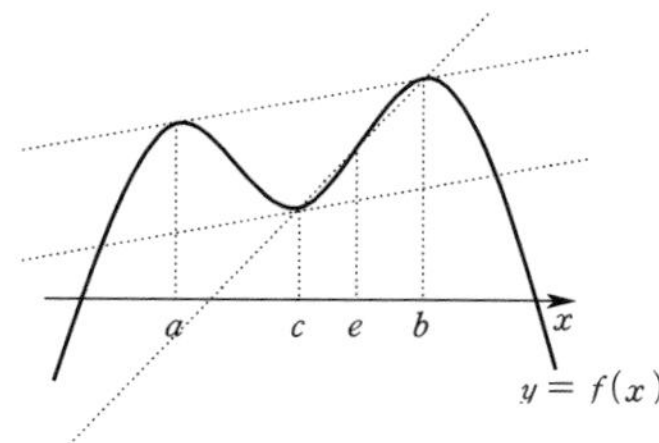

1-iv

1-ii, 1-iii에서

$$\begin{aligned} e-d &= \left(\frac{3-\sqrt{5}}{4}a+\frac{1+\sqrt{5}}{4}b\right)-\left(\frac{3-\sqrt{3}}{6}a+\frac{3+\sqrt{3}}{6}b\right) \\ &= \frac{(9-3\sqrt{5})-(6-2\sqrt{3})}{12}a+\frac{(3+3\sqrt{5})-(6+2\sqrt{3})}{12}b \\ &= \frac{3-3\sqrt{5}+2\sqrt{3}}{12}(a-b) \end{aligned}$$

이므로

$$\frac{e-d}{b-a}=\frac{-3+3\sqrt{5}-2\sqrt{3}}{12}=-\frac{1}{4}+\frac{\sqrt{5}}{4}-\frac{\sqrt{3}}{6}$$

이다.

2-i

$g(x)=|x-1|$이므로

$$y=2x(x-2)g(x)=2x(x-2)|x-1|=p(x)$$

라 하면

$$p(2-x)=2(2-x)(-x)|1-x|=2x(x-2)|x-1|=p(x)$$

이므로 $y=p(x)$는 직선 $x=1$에 관하여 대칭이다.

또, $u(x)=-|x|+c$이므로

$$y=u(x-1)=-|x-1|+c$$

도 직선 $x=1$에 관하여 대칭이다.

따라서, 두 함수의 그래프가 서로 다른 두 개의 교점을 가지면 $x>1$과 $x<1$에서 각각 한 점에서 접하여야 한다. 오른쪽 그래프에서 $x>1$에서 두 곡선 $y=2x(x-2)(x-1)$과 $y=-(x-1)+c$이 접할 때 x좌표를 구하자.

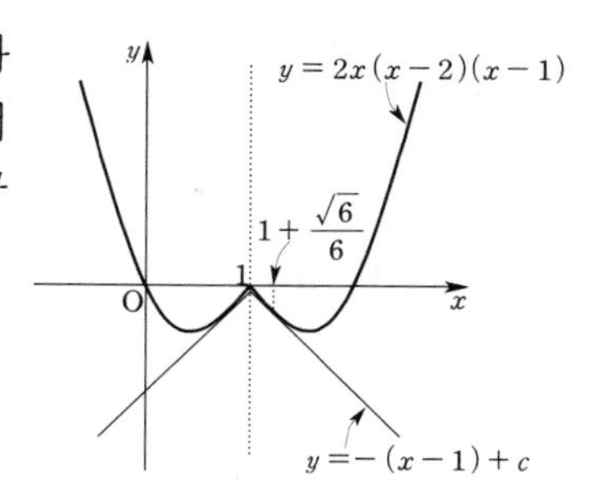

$$y'=2(x-2)(x-1)+2x(x-1)+2x(x-2)=-1$$

$$\Leftrightarrow\ 6x^2-12x+5=0$$

에서 $x=\dfrac{6+\sqrt{6}}{6}=1+\dfrac{\sqrt{6}}{6}$이다. 이때, 접점의 y좌표는

$$2\left(1+\frac{\sqrt{6}}{6}\right)\left(\frac{\sqrt{6}}{6}-1\right)\cdot\frac{\sqrt{6}}{6}=-\frac{5\sqrt{6}}{18}$$

이고, $y=-(x-1)+c$에 대입하면

$$-\frac{5\sqrt{6}}{18}=-\frac{\sqrt{6}}{6}+c\ \Leftrightarrow\ c=-\frac{\sqrt{6}}{9}$$

이다. 따라서, 구하는 넓이는

$$2\int_1^{1+\frac{\sqrt{6}}{6}}\left[2x(x-2)(x-1)-\left\{-(x-1)-\frac{\sqrt{6}}{9}\right\}\right]dx$$

$$=2\int_0^{\frac{\sqrt{6}}{6}}\left\{2(x+1)(x-1)\cdot x-\left(-x-\frac{\sqrt{6}}{9}\right)\right\}dx$$

$$=2\int_0^{\frac{\sqrt{6}}{6}}\left(2x^3-x+\frac{\sqrt{6}}{9}\right)dx$$

$$=2\left[\frac{x^4}{2}-\frac{x^2}{2}+\frac{\sqrt{6}}{9}x\right]_0^{\frac{\sqrt{6}}{6}}$$

$$=2\left[\frac{1}{72}-\frac{1}{12}+\frac{1}{9}\right]=\frac{1}{12}$$

이다.

2-ii

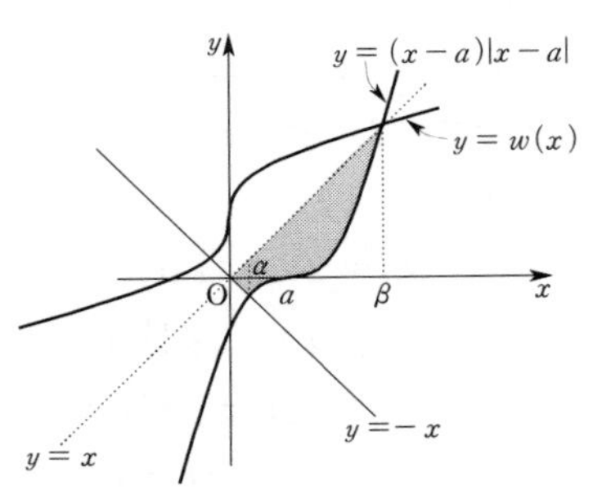

$a>0$일 때 함수

$y=(x-a)g(x)=(x-a)|x-a|$

의 역함수가 $y=w(x)$이므로 그래프는 오른쪽 그림과 같다.

$y=(x-a)|x-a|$와 $y=-x$의 교점을 α, $y=x$의 교점을 β라 하면

$$S(a)=2\left[\alpha^2+\int_{\alpha}^{\beta}\{x-(x-a)|x-a|\}dx\right]$$

이고,

$$\left(\frac{1}{3}|x-a|^3\right)'=(x-a)|x-a|$$

이므로

$$S(a)=2\left[\alpha^2+\frac{1}{2}(\beta^2-\alpha^2)-\frac{1}{3}(|\beta-a|^3-|\alpha-a|^3)\right]$$

이다. 그런데, $\alpha<a<\beta$이므로

$$S(a)=2\left[\frac{1}{2}(\alpha^2+\beta^2)-\frac{1}{3}\{(\beta-a)^3+(\alpha-a)^3\}\right]$$

이다. 위의 그래프를 참고하면 α는

$-(x-a)^2=-x \iff x^2-(2a+1)x+a^2=0$

의 실근 중 작은 쪽이고, β는

$(x-a)^2=x \iff x^2-(2a+1)x+a^2=0$

의 실근 중 큰 쪽이므로 근과 계수의 관계에 의해

$\alpha+\beta=2a+1,\ \alpha\beta=a^2$

이다.

$$\begin{aligned}S(a)&=(\alpha^2+\beta^2)-\frac{2}{3}\{(\alpha^3+\beta^3)-3a(\alpha^2+\beta^2)+3a^2(\alpha+\beta)-2a^3\}\\&=(\alpha+\beta)^2-2\alpha\beta-\frac{2}{3}\left[(\alpha+\beta)^3-3\alpha\beta(\alpha+\beta)-3a\{(\alpha+\beta)^2-2\alpha\beta\}+3a^2(\alpha+\beta)-2a^3\right]\\&=(2a+1)^2-2a^2-\frac{2}{3}\left[(2a+1)^3-3a^2(2a+1)-3a\{(2a+1)^2-2a^2\}+3a^2(2a+1)-2a^3\right]\\&=2a^2+2a+\frac{1}{3}\end{aligned}$$

이고,

$$\sum_{k=1}^{12}S(k)=\sum_{k=1}^{12}\left(2k^2+2k+\frac{1}{3}\right)=\frac{12\cdot13\cdot25}{3}+12\cdot13+4=1460$$

이다.

[다른 풀이]

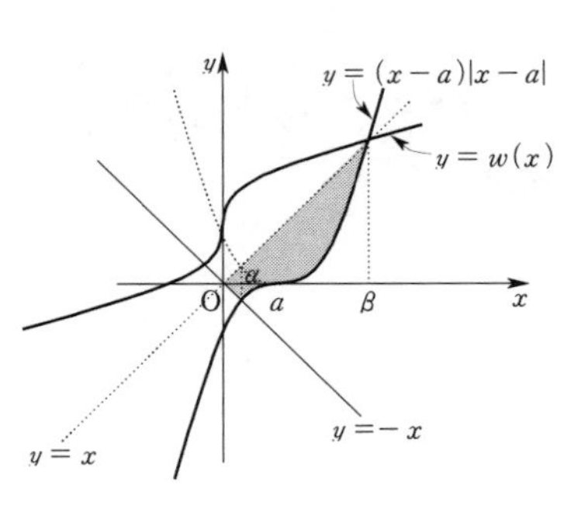

$y=-(x-a)^2$을 x축에 관하여 대칭시켜 생각하면 α, β는 이차방정식 $(x-a)^2=x$의 두 실근임을 알 수 있다.

2-iii

$b=a$이면 주어진 식이 명백히 성립한다.

그런데, a, b 중 어느 하나만 0인 경우에 주어진 식은 성립하지 않는다. 따라서, 0이 아닌 서로 다른 실수 a, b에 대하여 살펴보면 된다.

$$\int_0^b (x-a)^2 g(x)dx = \int_0^b (x-a)^2|x-a|dx$$

에서 함수 $(x-a)^2|x-a| \ge 0$이므로 주어진 등식에서 $b>0$이면 (좌변)>0, $b<0$이면 (좌변)<0이다.

마찬가지로 하면 $a>0$이면 (우변)>0, $a<0$이면 (우변)<0이다.

따라서, 주어진 등식이 성립하려면 a, b의 부호가 일치하여야 한다.

$$(x-a)^2 g(x) = (x-a)^2|x-a|$$

이고,

$$\left(\frac{1}{4}(x-a)^3|x-a|\right)' = (x-a)^2|x-a|$$

이므로

$$\int_0^b (x-a)^2 g(x)dx = \left[\frac{1}{4}(x-a)^3|x-a|\right]_0^b = \frac{1}{4}\{(b-a)^3|b-a| + a^3|a|\}$$

이다. 같은 방법으로 하면

$$\int_0^a (x-b)^2 h(x)dx = \int_0^a (x-b)^2|x-b|dx = \frac{1}{4}\{(a-b)^3|a-b| + b^3|b|\}$$

이다. 따라서,

$$(b-a)^3|b-a| + a^3|a| = (a-b)^3|a-b| + b^3|b| \iff 2(b-a)^3|b-a| + a^3|a| - b^3|b| = 0$$

이다.

i) $a>b>0$이면

$$2(b-a)^3(a-b) + a^4 - b^4 = 0$$

$$\iff 2(b-a)^3 + (a+b)(a^2+b^2) = 0$$

$$\iff 3b^3 - 5b^2a + 7ba^2 - a^3 = 0 \qquad \cdots ①$$

이다. 함수 $P(b)$를

$$P(b) = 3b^3 - 5b^2a + 7ba^2 - a^3$$

라 두면

$$P'(b) = 9b^2 - 10ba + 7a^2$$

이고, 판별식 $\frac{D}{4} = 25a^2 - 63a^2 \le 0$이므로 $P(b)$는 b에 관한 증가함수이다. 따라서, 방정식 $P(b)=0$은 단 하나의 양근을 갖는다.

ii) $b>a>0$이면

$$2(b-a)^3(b-a) + a^4 - b^4 = 0$$

$$\iff 2(b-a)^3 - (a+b)(a^2+b^2) = 0$$

$$\iff b^3 - 7b^2a + 5ba^2 - 3a^3 = 0$$

$$\iff -b^3 + 7b^2a - 5ba^2 + 3a^3 = 0 \qquad \cdots ②$$

이다. ②의 계수는 ①의 계수가 역순으로 배열된 것이다.

①을 바꾸어

$$3\left(\frac{b}{a}\right)^3-5\left(\frac{b}{a}\right)^2+7\left(\frac{b}{a}\right)-1=0$$

이라 하고, $\frac{b}{a}=s$이라 하면

$$3s^3-5s^2+7s-1=0 \quad \cdots ③$$

이다. ②를 바꾸어 $\frac{a}{b}=t$라 하면

$$3t^3-5t^2+7t-1=0 \quad \cdots ④$$

이다. i)을 이용하면 ③, ④는 단 한 실근을 가지므로 이를 z라 하면

$$s=\frac{b}{a}=z,\ t=\frac{a}{b}=z$$

에서 $b=az$ 또는 $b=\frac{a}{z}$이다.

i), ii)에서 $a>0$일 때 $b=a$ 또는 $b=az$ 또는 $b=\frac{a}{z}$이고, 그 곱은 a^3이다.

iii) $0>a>b$이면

$$2(b-a)^3(a-b)-a^4+b^4=0$$

이고, 이는 ii)와 같은 식이다.

iv) $0>b>a$이면

$$2(b-a)^3(b-a)-a^4+b^4=0$$

이고, 이는 i)과 같은 식이다.

따라서, $a<0$일 때, iii), iv)에서 얻는 b의 값의 곱도 a^3이다.

이상에서 고정된 실수 a에 대하여 가능한 모든 b의 값의 곱은 a^3이다.

■ 성균관대 자연계 2022학년도 수시논술 3교시 예시답안

1-i

$f(0)=f(1)=0$이므로 $f(x)=ax(x-1)$이라 두면

$f'(x)=2ax-a$, $f''(x)=2a$

이므로 $f''(0)=-2$로부터 $a=-1$이고, $f(x)=-x^2+x$이다.

함수 $F(x)$가 모든 실수에서 미분가능하므로 $x=1$과 $x=2$에서 좌극한, 우극한, 함숫값이 모두 같고, 좌미분계수와 우미분계수가 모두 같다. 그런데, 세 이차함수 $f(x)$, $g(x)$, $h(x)$는 실수 전체에서 미분가능한 함수이므로 특정한 점 좌우에서 좌극한, 우극한, 함숫값이 모두 같고, 좌미분계수와 우미분계수가 모두 같다. 따라서,

$f(1)=g(1)$, $f'(1)=g'(1)$, $g(2)=h(2)$, $g'(2)=h'(2)$

가 성립한다.

$g(2)=0$, $g(1)=f(1)=0$

이므로

$g(x)=b(x-1)(x-2)=b(x^2-3x+2)$

라 두면 $g'(x)=b(2x-3)$이고,

$g'(1)=f'(1)=3 \Leftrightarrow -b=-1 \Leftrightarrow b=1$

이다. 따라서, $g(x)=x^2-3x+2$이다.

$h(2)=g(2)=0$, $h'(2)=g'(2)=1$

이므로 $h(x)=c(x-2)(x-d)$라 두면

$h'(x)=c(x-d)+c(x-2)$

이고, $h'(2)=c(2-d)=1$에서 $d=2-\frac{1}{c}$이다. 따라서, $h(x)=c(x-2)\left(x-2+\frac{1}{c}\right)$이다.

이때,

$$F(x)=\begin{cases}-x^2+x & (x\le 1)\\ x^2-3x+2 & (1<x\le 2)\\ c(x-2)\left(x-2+\frac{1}{c}\right) & (x>2)\end{cases}$$

이다. 그런데, $x\le 1$에서

$$F(x)=-\left(x-\frac{1}{2}\right)^2+\frac{1}{4}$$

이므로 이 구간에서 $F(x)$의 최댓값은 $\frac{1}{4}$이고, $1<x\le 2$에서

$$F(x)=\left(x-\frac{3}{2}\right)^2-\frac{1}{4}$$

이므로 이 구간에서 $F(x)$의 최댓값은 0이다. 그런데, $F(x)$의 최댓값이 2이므로 $x>2$에서

$$F(x)=c\left\{x^2-\left(4-\frac{1}{c}\right)x+4-\frac{2}{c}\right\}=c\left\{x-\frac{1}{2}\left(4-\frac{1}{c}\right)\right\}^2+4c-2-\frac{c}{4}\left(4-\frac{1}{c}\right)^2$$

의 최댓값이 6이어야 한다. 따라서,

$$c<0,\ \frac{1}{2}\left(4-\frac{1}{c}\right)>2,\ 4c-2-\frac{c}{4}\left(4-\frac{1}{c}\right)^2=2 \Leftrightarrow 8c+1=0$$

에서 $c=-\frac{1}{8}$이고, $h(x)=-\frac{1}{8}(x-6)^2+2$이다.

이상에서 함수 $F(x)$는 다음과 같다.

$$F(x)=\begin{cases}-\left(x-\frac{1}{2}\right)^2+\frac{1}{4} & (x \le 1)\\ \left(x-\frac{3}{2}\right)^2-\frac{1}{4} & (1<x\le 2)\\ -\frac{1}{8}(x-6)^2+2 & (x>2)\end{cases}$$

1−ii

함수 $y=F(x)$의 그래프는 아래와 같다.

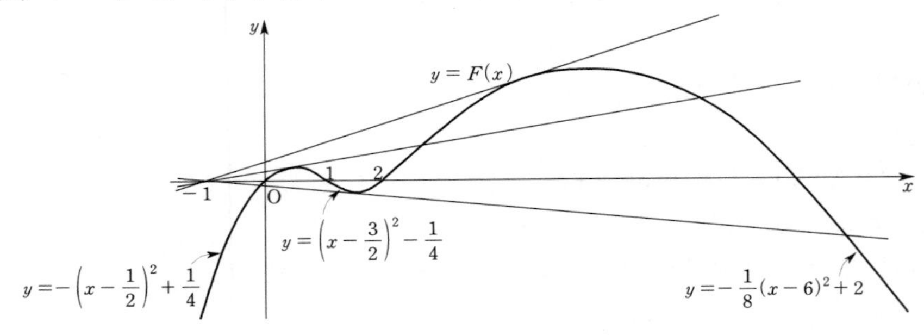

$y=-\left(x-\frac{1}{2}\right)^2+\frac{1}{4}=-x^2+x$의 접선의 방정식을

$y-(-p^2+p)=(-2p+1)(x-p)$ (단, $p>0$)

라 하고, 점 $(-1,\ 0)$을 대입하면

$-(-p^2+p)=(-2p+1)(-1-p) \iff p^2+2p-1=0$

이고, $p=-1+\sqrt{2}$이다.

$y=\left(x-\frac{3}{2}\right)^2-\frac{1}{4}=x^2-3x+2$의 접선의 방정식을

$y-(q^2-3q+2)=(2q-3)(x-q)$ (단, $q>0$)

라 하고, 점 $(-1,\ 0)$을 대입하면

$-(q^2-3q+2)=(2q-3)(-1-q) \iff q^2+2q-5=0$

이고, $q=-1+\sqrt{6}$이다.

$y=-\frac{1}{8}(x-6)^2+2=-\frac{1}{8}x^2+\frac{3}{2}x-\frac{5}{2}$의 접선의 방정식을

$y-\left(-\frac{1}{8}r^2+\frac{3}{2}r-\frac{5}{2}\right)=\left(-\frac{1}{4}r+\frac{3}{2}\right)(x-r)$ (단, $r>0$)

이라 하고, 점 $(-1,\ 0)$을 대입하면

$-\left(-\frac{1}{8}r^2+\frac{3}{2}r-\frac{5}{2}\right)=\left(-\frac{1}{4}r+\frac{3}{2}\right)(-1-r) \iff r^2+2r-32=0$

이고, $r=-1+\sqrt{33}$이다.

이상에서, 구하는 x좌표들은 $-1+\sqrt{2}$, $-1+\sqrt{6}$, $-1+\sqrt{33}$이다.

1-iii

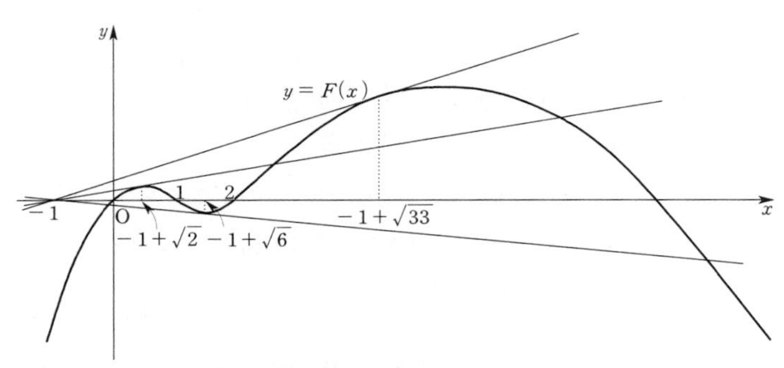

1-ii와 위의 그래프를 참고하면 $k(x)$의 증감표는 아래와 같고, $k(x)$는 $x=-1+\sqrt{2}$, $x=-1+\sqrt{33}$에서 극대이다.

x	0	$\cdots$	$-1+\sqrt{2}$	$\cdots$	$-1+\sqrt{6}$	$\cdots$	$-1+\sqrt{33}$	$\cdots$
$k(x)$		↗	극대	↘	극소	↗	극대	↘

함수 $y=G(x)$의 그래프의 개형은 아래와 같다.

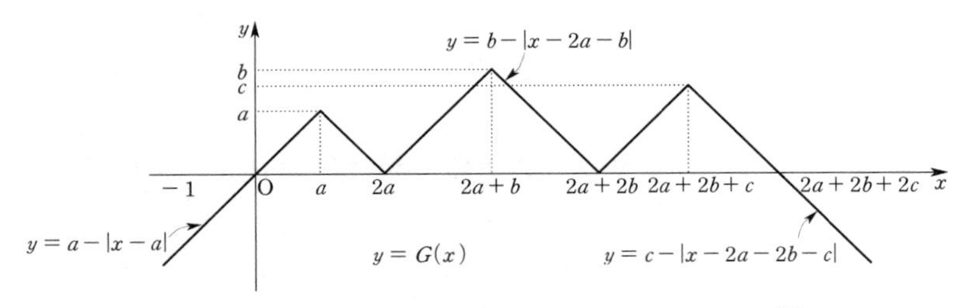

위의 두 그래프를 고려하면 $G(x)$의 값이 증가하거나 감소하면서 $-1+\sqrt{2}$ 또는 $-1+\sqrt{33}$을 지날 때, $(k \circ G)(x)$는 극댓값을 갖는다. 또, $G(x)$의 값이 $-1+\sqrt{6}$과 $-1+\sqrt{33}$ 사이에서 증가하다가 감소하면 $G(x)$의 증감이 바뀌는 점에서 $(k \circ G)(x)$는 극댓값을 갖는다.

함수 $G(x)$의 극댓값이 a, b, c이고, a, b, c는 모두 1 이상의 자연수이다. 그런데, $0<-1+\sqrt{2}<1$이므로 $G(x)$는 6개의 구간

$(0,\ a)$, $(a,\ 2a)$, $(2a,\ 2a+b)$, $(2a+b,\ 2a+2b)$, $(2a+2b,\ 2a+2b+c)$,

$(2a+2b+c,\ 2a+2b+2c)$

에서 증가하거나 감소하면서 $-1+\sqrt{2}$를 지나므로 $(k \circ G)(x)$는 최소 6개의 x에서 극댓값을 갖는다. 또, a, b, c가 5 이상의 값을 가지면 추가로 2개씩의 x에서 극댓값을 가지고, a, b, c가 $-1+\sqrt{6}$과 $-1+\sqrt{33}$ 사이의 값을 가지면 바로 그 값에서 추가로 1개씩의 x에서 극댓값을 가진다.

또, $1<-1+\sqrt{6}<2$, $4<-1+\sqrt{33}<5$이므로 함수 $(k \circ G)(x)$가 열린구간 $(0,\ 2a+2b+2c)$에서 극댓값을 갖는 x가 9개가 되는 경우에는

i) a, b, c 중 5 이상의 값이 1개, 2 이상 4 이하의 값이 1개, 나머지는 1인 경우

ii) a, b, c 모두 2 이상 4 이하의 값인 경우

의 2가지가 있다.

따라서, 구하는 순서쌍 $(a,\ b,\ c)$의 개수는

$(2\times3\times1)\times3!+3^3=36+27=63$

이다.

2-i

$b^2-4ac=1 \Leftrightarrow b^2=4ac+1$

이므로 b는 홀수이다. $b=2k+1$ (단, k는 정수)이라 두자. 이때,

$b^2=4ac+1 \Leftrightarrow (k+1)^2=4ac+1 \Leftrightarrow k(k+1)=ac$

이다. 그런데, k가 정수이므로 $k(k+1)\ge 0$이고, $f(0)=c<0$이면 $a<0$이다.

이때, $f(N)=aN^2+bN+c>0 \Leftrightarrow -aN^2-bN-c<0$이면

$$\frac{b-1}{-2a}<N<\frac{b+1}{-2a} \Leftrightarrow -\frac{k}{a}<N<-\frac{k}{a}-\frac{1}{a} \Leftrightarrow k<-aN<k+1$$

이다. 여기서, k, $k+1$은 이웃한 두 정수이고, $-aN$도 정수이다. 이는 모순이므로 $f(N)>0$인 자연수 N은 존재하지 않는다.

2-ii

2-i과 같이 생각하면 $b^2=4ac+1$로부터 $a<0$이면 $c\le 0$을 얻을 수 있다.

$c=0$이면 $b^2=4ac+1=1$에서 $b=\pm 1$이다.

$b=1$이면 $f\left(\frac{1}{N}\right)=\frac{a}{N^2}+\frac{1}{N}>0$에서 $a>-N$이다.

$b=-1$이면 $f\left(\frac{1}{N}\right)=\frac{a}{N^2}-\frac{1}{N}>0$에서 $a>N$이므로 주어진 조건 $a<0$에 맞지 않다.

$c<0$이면 $f\left(\frac{1}{N}\right)=\frac{a}{N^2}+\frac{b}{N}+c>0 \Leftrightarrow cN^2+bN+a>0$이고, 이는 2-i의 풀이에서 다룬 부등식 $aN^2+bN+c>0$의 a와 c를 바꾼 것이다. 따라서, 2-i에 의해 $a<0$, $c<0$, $b^2-4ac=1$이면 $cN^2+bN+a>0$인 자연수 N은 존재하지 않는다.

이상에서, 구하는 이차함수는 $f(x)=ax^2+x$ (단, a는 $-N<a<0$인 정수)이다.

2-iii

2-i과 같이 생각하면 $b^2=4ac+1$로부터 $f(0)=c<0$이면 $a<0$을 얻을 수 있다.

$$f\left(\frac{2}{M}\right)=\frac{4a}{M^2}+\frac{2b}{M}+c>0 \Leftrightarrow cM^2+2bM+4a>0 \Leftrightarrow c\left(\frac{M}{2}\right)^2+b\left(\frac{M}{2}\right)+a>0$$

이고, $g(x)=cx^2+bx+a$라 하면 $g\left(\frac{M}{2}\right)>0$이다.

2-ii를 이용하기 위해

$$h(x)=g\left(x+\frac{M-1}{2}\right) \quad \cdots ①$$

라 두면

$$h(x)=c\left(x+\frac{M-1}{2}\right)^2+b\left(x+\frac{M-1}{2}\right)+a$$
$$=cx^2+(cM-c+b)x+\frac{c(M-1)^2}{4}+\frac{b(M-1)}{2}+a$$

이다. 여기서, $h(x)$의 x^2의 계수는 음의 정수 c이다.

일반적으로 $ax^2+bx+c=0$의 판별식을 $D=b^2-4ac$라 하면

$a(x+m)^2+b(x+m)+c=0 \iff ax^2+(2am+b)x+(am^2+bm+c)=0$

의 판별식은

$(2am+b)^2-4a(am^2+bm+c)=b^2-4ac=D$

이다. 따라서, $h(x)$의 판별식은 $g(x)$의 판별식과 같으므로 $b^2-4ac=1$이다.

또, $h\left(\frac{1}{2}\right)=g\left(\frac{M}{2}\right)>0$이므로 2-ii에 의해

$h(x)=cx^2+x$ (단, $-2<c<0$인 정수)

이다. 여기서, 정수 $c=-1$이므로 $h(x)=-x^2+x$이고, ①에서

$$g(x)=h\left(x-\frac{M-1}{2}\right)=-\left(x-\frac{M-1}{2}\right)^2+\left(x-\frac{M-1}{2}\right)=-x^2+Mx+\frac{1-M^2}{4}$$

이다. 따라서, 구하는 함수

$$f(x)=\frac{1-M^2}{4}x^2+Mx-1$$

이다.

[다른 풀이]

$cM^2+2bM+4a>0$에서 $c=-1$이라 두면

$-M^2+2bM+4a>0 \iff M^2-2bM-4a<0 \iff b-\sqrt{b^2+4a}<M<b+\sqrt{b^2+4a}$

이고,

$b^2-4ac=1 \iff b^2-4a=1$

이므로

$b-1<M<b+1$

이다. 여기서, b, M이 정수이므로 $b=M$이고,

$$a=\frac{1-b^2}{4}=\frac{1-M^2}{4}$$

이다.

2-iv

$Q(x)=ax^2+x$ (단, a는 $-100<a<0$인 정수),

$R(x)=\dfrac{1-19^2}{4}x^2+19x-1=-90x^2+19x-1$

이므로

$$Q(n)=\sum_{k=1}^{n}a_k=an^2+n,\ R(n)=\sum_{k=1}^{n}b_k=-90n^2+19n-1$$

이다.

$n\geq 2$일 때

$a_n=Q(n)-Q(n-1)=(an^2+n)-\{a(n-1)^2+(n-1)\}=2an-a+1$

이고, $a_1=Q(1)=2a+1$이므로

$a_n=2an-a+1$

이다. 같은 방법으로 하면

$n\geq 2$일 때 $b_n=-180n+109$, $b_1=-72$

이다. 따라서,

$$\begin{aligned}\sum_{n=1}^{10}|a_n-b_n|&=|(a+1)-(-72)|+\sum_{n=2}^{10}|(2an-a+1)-(-180n+109)|\\&=|a+73|+\sum_{n=2}^{10}|(2n-1)a+180n-108|\\&=|a+73|+|3a+252|+|5a+432|+|7a+612|+\cdots+|19a+1692|\end{aligned}$$

이다. 여기서, $\dfrac{108-180n}{2n-1}=-90+\dfrac{18}{2n-1}$이 자연수 n에 관한 감소함수이므로

$$-\frac{1692}{19}<-\frac{1512}{17}<\cdots<-84<-73$$

이다. 이를 고려하여 실수 a에 관한 함수

$$p(a)=19\left|a+\frac{1692}{19}\right|+17\left|a+\frac{1512}{17}\right|+\cdots+3|a+84|+|a+73|$$

를 생각하자. 함수 $y=p(a)$의 그래프는 기울기가

$-19-17-\cdots-3-1,\ 19-17-\cdots-3-1,\ 19+17-\cdots-3-1,\ \cdots,\ 19+17+\cdots+3+1$

인 11개의 반직선 또는 선분으로 이루어진 아래로 볼록한 그래프이다. 함수 $p(a)$는 이 그래프의 기울기가 음에서 양으로 바뀌는 경계점 또는 수평구간에서 최솟값을 갖는다.

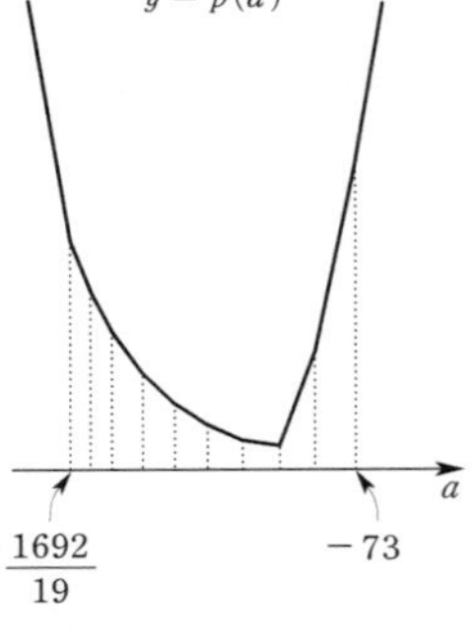

$19+17-15-13-11-\cdots-3-1=36-64=-28<0$,

$19+17+15-13-11-\cdots-3-1=51-49=2>0$

이므로 함수 $p(a)$는 $a=-\dfrac{180\cdot 8-108}{15}=-88\dfrac{4}{5}$일 때 최솟값을 갖는다. 그런데, a가 $-100<a<0$을 만족하는 정수인 조건에서는 $a=-89$와 $a=-88$일 때의 값을 비교하면 된다.

$a=-89$일 때

$$|-89+73|+\sum_{n=2}^{10}|-(2n-1)\times 89+180n-108|$$

$= 16 + \sum_{n=2}^{10} |2n - 19|$

$= 16 + (19 - 4) + (19 - 6) + \cdots + (19 - 18) + (20 - 19)$

$= 16 + 19 \times 7 - 68 = 81$

이고, $a = -88$일 때

$|-88 + 73| + \sum_{n=2}^{10} |-(2n-1) \times 88 + 180n - 108|$

$= 15 + \sum_{n=2}^{10} |4n - 20| = 15 + 4\sum_{n=2}^{10} |n - 5|$

$= 15 + 4(3 + 2 + 1 + 0 + 1 + 2 + 3 + 4 + 5) = 99$

이다. 따라서, 구하는 최솟값은 81이다.

최댓값은 $a = -99$일 때와 $a = -1$일 때의 값을 비교하면 된다.

$a = -99$일 때

$|-99 + 73| + \sum_{n=2}^{10} |-(2n-1) \times 99 + 180n - 108|$

$= 26 + \sum_{n=2}^{10} |18n + 9| = -1 + \sum_{n=1}^{10} (18n + 9)$

$= -1 + 18 \times 55 + 90 = 1079$

이고, $a = -1$일 때

$|-1 + 73| + \sum_{n=2}^{10} |-(2n-1) \times 1 + 180n - 108|$

$= 72 + \sum_{n=2}^{10} |178n - 107| = 1 + \sum_{n=1}^{10} (178n - 107)$

$= 1 + 178 \times 55 - 1070 = 8721$

이다. 따라서, 구하는 최댓값은 8721이다.

■ 성균관대 자연계 2022학년도 모의논술 예시답안

1-i

$f(x)$를 미분하면

$$f'(x)=3x^2+2ax+b$$

이고, $f(x)$가 $x=\alpha$와 $x=\beta$에서 극값을 가지므로 α와 β는 $f'(x)=0$의 서로 다른 두 실근이다.

따라서, 판별식

$$\frac{D}{4}=a^2-3b>0 \qquad \cdots ①$$

이고, 근과 계수의 관계에 의해

$$\alpha+\beta=-\frac{2a}{3},\ \alpha\beta=\frac{b}{3}$$

이다.

이때, 직선 AB의 기울기는

$$\begin{aligned}\frac{f(\beta)-f(\alpha)}{\beta-\alpha}&=\frac{(\beta^3-\alpha^3)+a(\beta^2-\alpha^2)+b(\beta-\alpha)}{\beta-\alpha}\\&=(\alpha^2+\alpha\beta+\beta^2)+a(\alpha+\beta)+b\\&=\{(\alpha+\beta)^2-\alpha\beta\}+a(\alpha+\beta)+b\\&=\left(\frac{4a^2}{9}-\frac{b}{3}\right)+a\cdot\left(-\frac{2a}{3}\right)+b\\&=-\frac{2a^2}{9}+\frac{2b}{3}\end{aligned}$$

이다.

만약 직선 AB의 기울기가 $-\frac{2}{9}$보다 크다면

$$-\frac{2a^2}{9}+\frac{2b}{3}>-\frac{2}{9} \iff a^2-3b<1$$

이고, ①과 함께 생각하면 $0<a^2-3b<1$이다.

그런데, a, b는 정수이므로 a^2-3b도 정수이고, 0과 1 사이에는 정수가 존재하지 않으므로 위의 부등식은 성립할 수 없다.

따라서, 직선 AB의 기울기가 $-\frac{2}{9}$보다 크기 위한 정수 a와 b는 존재하지 않는다.

1-ii

선분 AB는 두 극점을 잇는 것이므로 선분 AB가 x축과 만나지 않으면 극솟값이 0보다 크거나 극댓값이 0보다 작아야 한다. 이때, $y=f(x)$의 그래프는 x축과 한 점에서만 만나므로 $f(x)=0$은 한 실근과 두 허근을 가진다.

$f(x)=x(x^2+ax+b)$

이므로 $x^2+ax+b=0$이 허근을 가지면 되고, 판별식

$D_1=a^2-4b<0$

이므로 1-i의 ①과 함께 생각하면

$3b<a^2<4b$

이다. $-5 \le a \le 5$, $-5 \le b \le 5$일 때 위의 부등식을 만족시키는 경우는 $b=5$일 때, $15<a^2<20$에서 $a=\pm 4$일 때뿐이다. 따라서, 구하는 순서쌍 $(a,\ b)$는

$(a,\ b)=(-4,\ 5),\ (4,\ 5)$

이다.

[다른 풀이 1]

$\frac{a^2}{4}<b<\frac{a^2}{3}$에서 풀어도 된다.

[다른 풀이 2]

두 극값의 부호가 서로 같아야 하므로

$$\begin{aligned} f(\alpha)f(\beta) &= (\alpha^3+a\alpha^2+b\alpha)(\beta^3+a\beta^2+b\beta) \\ &= \alpha\beta(\alpha^2+a\alpha+b)(\beta^2+a\beta+b)>0 \end{aligned}$$

이어야 한다. 여기서, α는 $f'(x)=3x^2+2ax+b=0$의 실근이므로

$3\alpha^2+2a\alpha+b=0 \iff \alpha^2=-\frac{2}{3}a\alpha-\frac{1}{3}b$

이고, 같은 방법으로 $\beta^2=-\frac{2}{3}a\beta-\frac{1}{3}b$이다. 이를 대입하면

$$\begin{aligned} f(\alpha)f(\beta) &= \alpha\beta\left(\frac{1}{3}a\alpha+\frac{2}{3}b\right)\left(\frac{1}{3}a\beta+\frac{2}{3}b\right) \\ &= \frac{1}{9}\alpha\beta\{a^2\alpha\beta+2ab(\alpha+\beta)+4b^2\} \end{aligned}$$

이다. 1-i에서 $\alpha+\beta=-\frac{2a}{3}$, $\alpha\beta=\frac{b}{3}$이므로

$\frac{b}{27}(-a^2b+4b^2)>0 \iff b^2(a^2-4b)<0$

이다. 따라서, $b\neq 0$이고, $a^2-4b<0$이다.

1-iii

선분 CD가 y축과 만나지 않으려면 두 점 C, D의 x좌표의 부호가 서로 같아야 한다. 두 점 A, B의 x좌표가 각각 α, β이고, 두 점 C, D가 선분 AB를 삼등분하므로 두 점 C, D의 x좌표는

$$\frac{2\alpha+\beta}{3},\ \frac{\alpha+2\beta}{3}$$

이다. 따라서,

$$\frac{2\alpha+\beta}{3}\cdot\frac{\alpha+2\beta}{3}>0$$

$$\Leftrightarrow\ 2\alpha^2+5\alpha\beta+2\beta^2>0\ \Leftrightarrow\ 2(\alpha+\beta)^2+\alpha\beta>0$$

$$\Leftrightarrow\ 2\left(-\frac{2a}{3}\right)^2+\frac{b}{3}>0\ \Leftrightarrow\ a^2>-\frac{3b}{8}$$

이고, 1-i ①에서 $a^2>3b$이므로 두 식을 함께 고려하면

$b\ge 0$일 때 $a^2>3b$, $b<0$일 때 $a^2>-\frac{3b}{8}$

이다. 따라서,

$b=0$일 때 $a^2>0$에서 $a=\pm1,\ \pm2,\ \pm3$,

$b=1$일 때 $a^2>3$에서 $a=\pm2,\ \pm3$,

$b=2$일 때 $a^2>6$에서 $a=\pm3$,

$b=-1$일 때 $a^2>\frac{3}{8}$에서 $a=\pm1,\ \pm2,\ \pm3$,

$b=-2$일 때 $a^2>\frac{6}{8}$에서 $a=\pm1,\ \pm2,\ \pm3$,

$b=-3$일 때 $a^2>\frac{9}{8}$에서 $a=\pm2,\ \pm3$

이므로 구하는 순서쌍의 개수는 28이다.

[다른 풀이 1]

$-\frac{8}{3}a^2<b<\frac{a^2}{3}$에서 풀어도 된다.

[다른 풀이 2]

$$\frac{2\alpha+\beta}{3}\cdot\frac{\alpha+2\beta}{3}>0$$

$$\Leftrightarrow\ \{2(\alpha+\beta)-\alpha\}\{2(\alpha+\beta)-\beta\}>0$$

$$\Leftrightarrow\ \left(-\frac{4a}{3}-\alpha\right)\left(-\frac{4a}{3}-\beta\right)>0$$

이고, α, β는 $f'(x)=3x^2+2ax+b=0$의 두 근이므로

$$f'(x)=3x^2+2ax+b=3(x-\alpha)(x-\beta)$$

이다. 따라서,

$$f'\left(-\frac{4a}{3}\right)>0\ \Leftrightarrow\ \frac{16a^2}{3}-\frac{8a^2}{3}+b>0\ \Leftrightarrow\ a^2>-\frac{3b}{8}$$

이다.

2-i

$n=1$이면 $f(x)=a|x|$이다. 두 곡선 $y=f(x)$와 $y=g(x)=x^4-x^2$이 y축에 관하여 대칭이고 각각 원점을 지나므로 만나는 서로 다른 점의 개수가 3개보다 많으려면 $x>0$에서 2개 이상의 점에서 만나야 한다.

$x>0$에서 $y=g(x)$에 접하고 원점을 지나는 접선을 구하자.

$g(x)=x^2(x^2-1)$이므로 $y=g(x)$는 원점에서 x축과 접하고, $x=\pm 1$에서 x축과 만난다. 따라서, $y=g(x)$의 그래프의 개형은 오른쪽 그림과 같다.

접점의 좌표를 $(t,\ t^4-t^2)$ (단, $t>0$)이라 하면 접선의 방정식은

$$y-(t^4-t^2)=(4t^3-2t)(x-t)$$

이다. 원점을 대입하면

$$-(t^4-t^2)=-t(4t^3-2t) \iff 3t^4=t^2 \iff t=\frac{1}{\sqrt{3}}$$

이고, 이 때 접선의 기울기는

$$\frac{4}{3\sqrt{3}}-\frac{2}{\sqrt{3}}=-\frac{2\sqrt{3}}{9}$$

이다. 따라서, 구하는 a의 값의 범위는 $-\frac{2\sqrt{3}}{9}<a<0$이다.

2-ii

$n=2$, $a=4$이므로 $f(x)=4x^2-\frac{1}{4}$이고, 집합 S는 오른쪽 그림과 같이 세 도형

$$y=4x^2-\frac{1}{4},\ 4x+8y=1,\ x=0$$

에 둘러싸인 도형의 둘레 및 내부 (단, y축은 제외)이다.

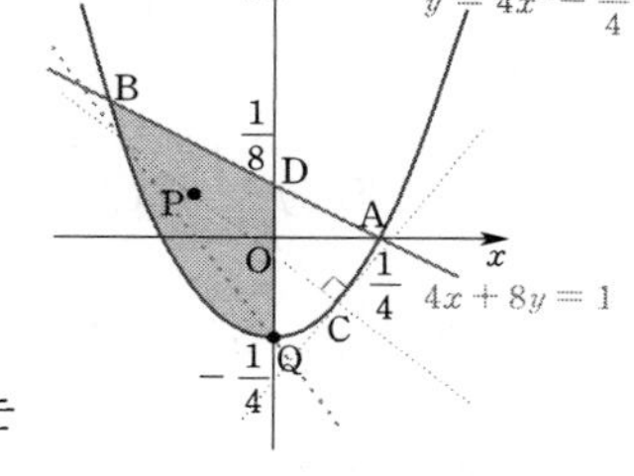

점 $\mathrm{A}\left(\frac{1}{4},\ 0\right)$이라 하면 점 A에서 $y=f(x)$의 법선의 방정식은 $4x+8y=1$이다. 이 직선과 곡선 $y=4x^2-\frac{1}{4}$이 점 A가 아닌 점에서 만나는

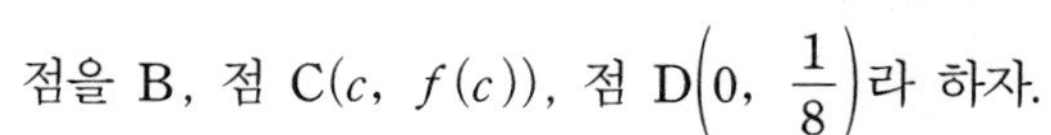
점을 B, 점 $\mathrm{C}(c,\ f(c))$, 점 $\mathrm{D}\left(0,\ \frac{1}{8}\right)$라 하자.

점 C가 점 Q에서 점 A까지 움직일 때, 점 C에서 법선이 영역 S와 만나는 선분의 한 끝점은 항상 선분 QD 위에 있고, 다른 한 끝점은 D에서 출발하여 선분 DB를 따라 점 B까지 움직인 뒤 곡선의 호 BQ를 따라 점 Q를 향해 움직인다. 따라서, 직선 PQ의 기울기가 최대가 될 때 점 P는 $y=f(x)$의 호 BQ 위의 점으로서 점 P에 가장 근접하고, x좌표가 최대인 점이 된다.

곡선 $y=f(x)$ 위의 점 C에서 법선의 방정식은

$$y-\left(4c^2-\frac{1}{4}\right)=-\frac{1}{8c}(x-c) \iff y=-\frac{1}{8c}x+4c^2-\frac{1}{8}$$

이고, $y=f(x)$와 연립하면

$$4x^2-\frac{1}{4}=-\frac{1}{8c}x+4c^2-\frac{1}{8} \iff (x-c)\left(x+c+\frac{1}{32c}\right)=0$$

이다. 따라서, 점 C에서 법선이 $y=f(x)$의 호 BQ와 만날 때, 그 교점의 x좌표는 $-c-\frac{1}{32c}$이다.

$k=c+\frac{1}{32c}$이라 두면 이 교점의 좌표는 $\left(-k,\ 4k^2-\frac{1}{4}\right)$이고, 직선 PQ의 기울기는

$$\frac{\left(4k^2-\frac{1}{4}\right)+\frac{1}{4}}{-k}=-4k\le -4\cdot 2\sqrt{c\cdot\frac{1}{32c}}=-\sqrt{2}$$

이다. 등호는 $c=\frac{\sqrt{2}}{8}$일 때 성립하므로 구하는 최댓값은 $-\sqrt{2}$이다.

2-iii

먼저, 점 P에서 곡선 $y=g(x)$에 그은 두 접점과 점 P를 지나는 원의 방정식을 구하자.

접점의 좌표를 $(t,\ t^4-t^2)$이라 하면 이 점에서 $y=g(x)$의 접선의 방정식은

$$y-(t^4-t^2)=(4t^3-2t)(x-t)$$

이다. 점 $\mathrm{P}(0,\ -2)$를 대입하면

$$-2-(t^4-t^2)=-t(4t^3-2t) \Leftrightarrow 3t^4-t^2-2=0 \Leftrightarrow (3t^2+2)(t^2-1)=0$$

이므로 $t=\pm 1$이고, 점 P를 지나는 두 접선의 접점의 좌표는 $(1,\ 0)$, $(-1,\ 0)$이다.

점 $\mathrm{P}(0,\ -2)$와 두 점 $(1,\ 0)$, $(-1,\ 0)$을 지나는 원은 y축에 관하여 대칭이므로 그 방정식은

$$x^2+(y-b)^2=r^2$$

이라 둘 수 있다. 점 $\mathrm{P}(0,\ -2)$와 점 $(1,\ 0)$을 대입하면

$$(-2-b)^2=r^2,\ 1+(-b)^2=r^2$$

이고, 이를 풀면 $b=-\frac{3}{4}$, $r^2=\frac{25}{16}$이다. 이때, 위의 원의 방정식은

$$x^2+\left(y+\frac{3}{4}\right)^2=\frac{25}{16} \qquad \cdots ①$$

가 된다.

$n=3$일 때 $y=f(x)=a|x|^3-\frac{1}{2}$이고, 이 곡선도 y축에 관하여 대칭이므로 점 $\mathrm{P}(0,\ -2)$에서 $y=f(x)$의 $x>0$인 부분인 $y=ax^3-\frac{1}{2}$에 그은 접점이 원 ① 위에 놓이면 문제의 조건을 만족한다.

접점의 좌표를 $\left(s,\ as^3-\frac{1}{2}\right)$ (단, $s>0$)이라 하고 ①에 대입하면

$$s^2+\left(as^3+\frac{1}{4}\right)^2=\frac{25}{16} \qquad \cdots ②$$

이다. 또, 위의 접점에서 $y=f(x)$의 접선의 방정식은

$$y-\left(as^3-\frac{1}{2}\right)=3as^2(x-s)$$

이므로 점 $\mathrm{P}(0,\ -2)$를 대입하면

$$-2-\left(as^3-\frac{1}{2}\right)=-3as^3 \Leftrightarrow as^3=\frac{3}{4}$$

이다. 이를 ②에 대입하면 $s=\frac{3}{4}$이고, 구하는 값은 $a=\frac{16}{9}$이다.

■ 성균관대 자연계 2021학년도 수시논술 1교시 예시답안

1-i

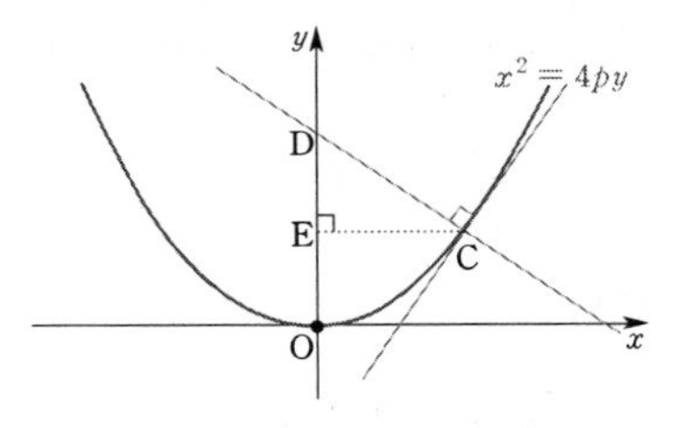

점 C의 좌표를 (x_1, y_1)이라 하자. 점 C가 원점이 아니므로 $x_1 \neq 0$, $y_1 \neq 0$이다. 이때, 점 C에 접선의 방정식은

$$x_1 x = 2p(y + y_1)$$

이고, 그 기울기는 $\frac{x_1}{2p}$이므로 직선 CD의 방정식은

$$y - y_1 = -\frac{2p}{x_1}(x - x_1)$$

이다. 점 D의 y좌표를 y_2라 하고 점 D의 좌표 $(0, y_2)$를 대입하면

$$y_2 - y_1 = -\frac{2p}{x_1}(-x_1) = 2p$$

이고,

$$\overline{\mathrm{DE}} = |y_2 - y_1| = 2|p|$$

이다. 따라서, 점 D와 점 E 사이의 거리는 점 C의 위치에 관계없이 포물선 $x^2 = 4py$의 초점과 준선 사이의 거리와 같다.

1-ii

$$y = nx^2 \iff x^2 = \frac{1}{n}y = 4 \cdot \frac{1}{4n} \cdot x$$

이므로 1-i의 결과에 의해

$$a_n = \overline{\mathrm{D}_n\mathrm{E}_n} = 2 \cdot \frac{1}{4n} = \frac{1}{2n}$$

이다. 따라서,

$$\sum_{n=1}^{\infty} a_n a_{n+1} = \sum_{n=1}^{\infty} \frac{1}{4n(n+1)} = \sum_{n=1}^{\infty} \frac{1}{4}\left(\frac{1}{n} - \frac{1}{n+1}\right) = \frac{1}{4}$$

이다.

1-iii

포물선 $x^2 = 4py \Leftrightarrow y = \frac{1}{4p}x^2$에서 $y' = \frac{1}{2p}x$이므로 이 포물선 위의 점 $\left(a,\ \frac{a^2}{4p}\right)$에서 접선의 기울기는 $\frac{a}{2p}$이다. 따라서, 접선과 수직인 직선 l_a의 기울기는 $-\frac{2p}{a}$이고, 그 방정식은

$$y - \frac{a^2}{4p} = -\frac{2p}{a}(x-a) \Leftrightarrow y = -\frac{2p}{a}(x-a) + \frac{a^2}{4p} \qquad \cdots ①$$

이다.

이를 포물선의 방정식 $y = \frac{1}{4p}x^2$과 연립하면

$$\frac{1}{4p}x^2 = -\frac{2p}{a}(x-a) + \frac{a^2}{4p}$$

$$\Leftrightarrow x^2 - \frac{8p^2}{a}x - 8p^2 - a^2 = 0$$

$$\Leftrightarrow (x-a)\left(x + \frac{8p^2}{a} + a\right) = 0$$

이고, $x = a$ 또는 $x = -\frac{8p^2}{a} - a$이다.

따라서, 두 교점의 y좌표의 곱은

$$f(a)g(a) = \frac{a^2}{4p} \cdot \frac{1}{4p}\left(-\frac{8p^2}{a} - a\right)^2 = \frac{1}{16p^2}(8p^2 + a^2)^2$$

이다.

또, 직선 l_a와 x축의 교점의 x좌표는 ①에서

$$-\frac{a^2}{4p} = -\frac{2p}{a}(x-a) \Leftrightarrow x = a + \frac{a^3}{8p^2}$$

이므로 $g(a) = a + \frac{a^3}{8p^2}$이다.

따라서,

$$\lim_{a\to\infty}\frac{f(a)g(a)}{ah(a)} = \lim_{a\to\infty}\frac{\frac{1}{16p^2}(8p^2+a^2)^2}{a\left(a + \frac{a^3}{8p^2}\right)} = \frac{8p^2}{16p^2} = \frac{1}{2}$$

이다.

2−i

점 $\mathrm{P}(\alpha,\ \beta)$가 함수 $y=\dfrac{2x+1}{2x+2}$ 위의 점이므로 $\beta=\dfrac{2\alpha+1}{2\alpha+2}$이다.

따라서,

$$\alpha-\beta=\alpha-\frac{2\alpha+1}{2\alpha+2}=\alpha-\left(1-\frac{1}{2\alpha+2}\right)=(\alpha+1)+\frac{1}{2\alpha+2}-2$$

이고, $\alpha+1=t$라 하면 $\alpha-\beta=t+\dfrac{1}{2t}-2$이다.

$\alpha>-1 \Leftrightarrow t>0$일 때 산술평균과 기하평균의 관계로부터

$$t+\frac{1}{2t}\geq 2\sqrt{t\cdot\frac{1}{2t}}=\sqrt{2}$$

이고, 등호는 $t=\dfrac{1}{\sqrt{2}} \Leftrightarrow \alpha=\dfrac{1}{\sqrt{2}}-1$일 때 성립한다. 따라서, $\alpha>-1$일 때 $\alpha-\beta$의 최솟값은 $\sqrt{2}-2$이다.

$\alpha<-1 \Leftrightarrow t<0$일 때 $-t>0$이므로 같은 방법으로 하면

$$\beta-\alpha=-t-\frac{1}{2t}+2\geq 2\sqrt{-t\cdot\frac{1}{-2t}}+2=\sqrt{2}+2$$

$$\Leftrightarrow\ \alpha-\beta\leq-\sqrt{2}-2$$

이고, 등호는 $t=-\dfrac{1}{\sqrt{2}} \Leftrightarrow \alpha=-\dfrac{1}{\sqrt{2}}-1$일 때 성립한다. 따라서, $\alpha<-1$일 때 $\alpha-\beta$의 최댓값은 $-\sqrt{2}-2$이다.

[다른 풀이 1]

t와 $\dfrac{1}{2t}$의 부호가 일치하므로

$$\left|t+\frac{1}{2t}\right|=|t|+\frac{1}{2|t|}\geq 2\sqrt{|t|\cdot\frac{1}{2|t|}}=\sqrt{2}$$

이고, $t>0$이면 $t+\dfrac{1}{2t}\geq\sqrt{2}$, $t<0$이면 $t+\dfrac{1}{2t}\leq-\sqrt{2}$이다.

[다른 풀이 2]

t와 $\dfrac{1}{2t}$의 부호가 일치하므로 $f(t)=t+\dfrac{1}{2t}$라 하면

$$f'(t)=1-\frac{1}{2t^2}=\frac{2t^2-1}{2t^2}$$

이고, 증감표는 아래와 같다.

t	$\cdots$	$-\frac{1}{\sqrt{2}}$	$\cdots$	0	$\cdots$	$\frac{1}{\sqrt{2}}$	$\cdots$
$f'(t)$	$+$	0	$-$		$-$	0	$+$
$f(t)$	↗	극대	↘		↘	극소	↗

$y=f(t)$의 그래프에서 점근선의 방정식은 $t=0$이고, $t=0$에서 함수 $f(t)$는 정의되지 않는다. 따라서, $t>0$일 때 $f(t)$는 $t=\dfrac{1}{\sqrt{2}}$에서 극소이자 최소이고, $t<0$일 때 $f(t)$는 $t=-\dfrac{1}{\sqrt{2}}$에서 극대이자 최대이다.

2-ii

2-i과 같이 생각하고, $\alpha+1=t$라 두면

$$\alpha-\beta=t+\frac{1}{2t}-2$$

이다.

r은 점 $\mathrm{P}(\alpha,\ \beta)$에서 원점까지의 거리이므로

$$r^2=\alpha^2+\left(\frac{2\alpha+1}{2\alpha+2}\right)^2=(t-1)^2+\left(\frac{2t-1}{2t}\right)^2$$
$$=(t^2-2t+1)+\left(1-\frac{1}{t}+\frac{1}{4t^2}\right)$$
$$=\left(t+\frac{1}{2t}\right)^2-2\left(t+\frac{1}{2t}\right)+1$$
$$=\left(t+\frac{1}{2t}-1\right)^2$$

이다. 그런데, $\alpha<-1$이므로 $t<0$이고

$$t+\frac{1}{2t}-1=-r\ \Leftrightarrow\ t+\frac{1}{2t}=1-r$$

이다. 따라서,

$$\alpha-\beta=(1-r)-2=-r-1$$

이다.

[다른 풀이]

$$r=\sqrt{\alpha^2+\beta^2}=\sqrt{(\alpha-\beta)^2+2\alpha\beta}$$

이고, $\beta=\dfrac{2\alpha+1}{2\alpha+2}$에서

$$2\alpha\beta+2\beta=2\alpha+1\ \Leftrightarrow\ 2\alpha\beta=2(\alpha-\beta)+1$$

이므로

$$r=\sqrt{(\alpha-\beta)^2+2(\alpha-\beta)+1}=\sqrt{(\alpha-\beta+1)^2}=|\alpha-\beta+1|$$

이다. $\alpha<-1$이므로 $\beta=\dfrac{2\alpha+1}{2\alpha+2}>0$이고, $\alpha-\beta+1<0$이다. 따라서,

$$r=-(\alpha-\beta+1)\ \Leftrightarrow\ \alpha-\beta=-r-1$$

이다.

2-iii

$\mathrm{P}(\alpha,\ \beta)$, $\mathrm{Q}(-2,\ 2)$이므로

$$\begin{aligned}\overline{\mathrm{PQ}}&=\sqrt{(\alpha+2)^2+(\beta-2)^2}\\&=\sqrt{(\alpha^2+\beta^2)+4(\alpha-\beta)+8}\\&=\sqrt{r^2+4(-r-1)+8}\\&=\sqrt{(r-2)^2}\\&=|r-2|\end{aligned}$$

이다.

$\alpha+1=t$라 두면 $\alpha<-1$일 때 $t<0$이고, 2-ii에서

$$t+\frac{1}{2t}=1-r$$

이고, $t+\dfrac{1}{2t}\leq-\sqrt{2}$이므로

$$1-r\leq-\sqrt{2}\ \Leftrightarrow\ r\geq1+\sqrt{2}$$

이다. 따라서, $r>2$이므로 $\overline{\mathrm{PQ}}=r-2$이다.

2-iv

2-ii의 결과로부터 $\alpha<-1$일 때

$$\begin{aligned}&\alpha-\beta=-r-1\\\Leftrightarrow\ &\alpha-\frac{2\alpha+1}{2\alpha+2}=-r-1\\\Leftrightarrow\ &2\alpha^2+2(r+1)\alpha+(2r+1)=0\end{aligned}$$

이다. 따라서, $b_1=2(r+1)$, $b_0=2r+1$이다.

■ 성균관대 자연계 2021학년도 수시논술 2교시 예시답안

1-i

원 C와 포물선 P를 연립한 방정식

$$(x-12)^2+\left(x^2-\frac{15}{2}\right)^2-36=0$$

을 생각하자. 좌변을 함수 $f(x)$라 두면

$$f'(x)=2(x-12)+2\left(x^2-\frac{15}{2}\right)\cdot 2x$$
$$=4(x^3-7x-6)$$
$$=4(x+1)(x+2)(x-3)$$

이므로 증감표는 아래와 같다.

t	$\cdots$	-2	$\cdots$	-1	$\cdots$	3	$\cdots$
$f'(t)$	$-$	0	$+$	0	$-$	0	$+$
$f(t)$	↘	극소	↗	극대	↘	극소	↗

따라서, $f(x)$는 $x=-1$, $x=3$에서 극소이고,

$f(-2)>0$, $f(3)>0$

이므로 항상 $f(x)>0$이고, 방정식 $f(x)=0$은 실근을 갖지 않는다.

따라서, 두 곡선은 서로 만나지 않는다.

그런데, 포물선 P는 원 C의 내부에 들어갈 수 없고, 원 C의 중심은 포물선 P의 볼록한 바깥 부분에 놓임을 고려하면 원 C의 중심과 포물선 P 위의 임의의 점 B 사이의 거리는 항상 원 C의 반지름보다 크다.

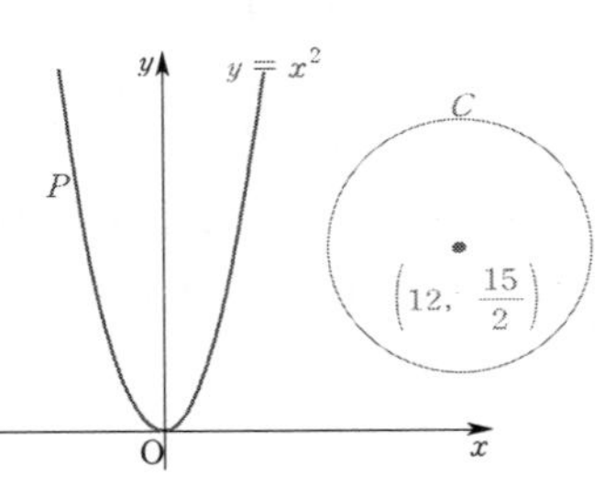

[다른 풀이]

포물선 P 위의 점 B에서 원 C의 중심까지의 거리가 최소일 때, 점 B를 지나는 포물선 P의 법선은 원 C의 중심을 지난다.

점 B의 좌표를 $(b,\ b^2)$ (단, $b\neq 0$)이라 하면 점 B에서 법선의 방정식은

$$y-b^2=-\frac{1}{2b}(x-b)$$

이고, 원 C의 중심 $\left(12,\ \frac{15}{2}\right)$를 대입하면

$$\frac{15}{2}-b^2=-\frac{1}{2b}(12-b)\iff(b+1)(b+2)(b-3)=0$$

이다. 두 점 사이의 거리 공식을 쓰면 세 점 $(-1,\ 1)$, $(-2,\ 4)$, $(3,\ 9)$에서 점 $\left(12,\ \frac{15}{2}\right)$까지의 거리는 모두 원의 반지름의 길이 6보다 크다.

따라서, 원 C의 중심과 포물선 P 위의 임의의 점 B 사이의 거리는 항상 원 C의 반지름보다 크다.

1-ii

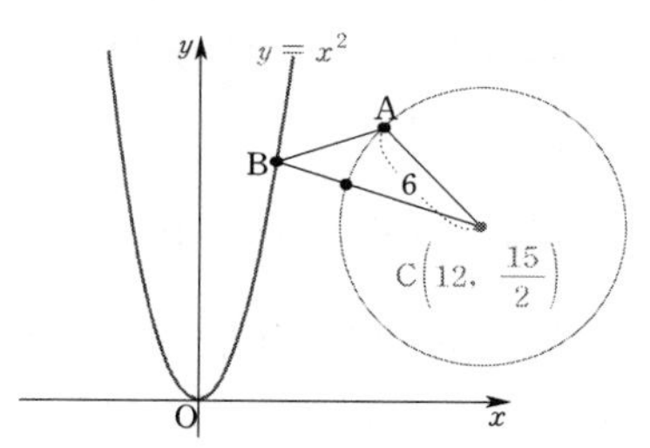

원 C의 중심을 C라고 하면 삼각형 ABC에서

$\overline{\mathrm{AB}}+\overline{\mathrm{AC}} \geq \overline{\mathrm{BC}} \iff \overline{\mathrm{AB}} \geq \overline{\mathrm{BC}}-\overline{\mathrm{AC}}=\overline{\mathrm{BC}}-6$

이다.

점 B의 좌표를 $(x,\ x^2)$이라 하고,

$$g(x)=\overline{\mathrm{BC}}^2=(x-12)^2+\left(x^2-\frac{15}{2}\right)^2$$

이라 두자. 1-i의 풀이를 참고하면 $g'(x)=f'(x)$이고, $g(x)$는 $x=-1,\ x=3$에서 극소이다. $g(-1)>g(3)$이므로 $g(x)$의 최소일 때, $x=3$이고 점 B의 좌표는 $(3,\ 9)$이다. 이때,

$$\overline{\mathrm{BC}}=\sqrt{9^2+\left(\frac{3}{2}\right)^2}=\frac{3\sqrt{37}}{2}$$

이고,

$$\overline{\mathrm{BA}}:\overline{\mathrm{AC}}=\frac{3\sqrt{37}}{2}-6:6=\sqrt{37}-4:4$$

이므로 점 A는 선분 BC를 $\sqrt{37}-4:4$로 내분하는 점이다. 따라서, 점 A의 좌표는

$$\left(\frac{(\sqrt{37}-4)\cdot 12+4\cdot 3}{(\sqrt{37}-4)+4},\ \frac{(\sqrt{37}-4)\cdot\frac{15}{2}+4\cdot 9}{(\sqrt{37}-4)+4}\right)$$

이고, 정리하면

$$\left(12-\frac{36}{\sqrt{37}},\ \frac{15}{2}+\frac{6}{\sqrt{37}}\right)$$

이다.

1-iii

점 $\mathrm{B}(3,\ 9)$를 지나는 직선은 $x=3$ 또는

$y-9=m(x-3) \iff mx-y-3m+9=0 \qquad \cdots①$

으로 나타낼 수 있다.

직선 $x=3$과 원 C의 중심 $\left(12,\ \frac{15}{2}\right)$ 사이의 거리는 9이고, 이는 원 C의 반지름보다 크므로 직선 $x=3$은 원 C의 접선이 될 수 없다.

직선 ①이 원 C와 접하면 원의 중심 $\left(12,\ \frac{15}{2}\right)$에서 이 직선까지 거리가 원 C의 반지름의 길이 6과 같으므로

$$\frac{\left|12m-\frac{15}{2}-3m+9\right|}{\sqrt{m^2+1}}=6$$

$$\iff \left|3m+\frac{1}{2}\right|=2\sqrt{m^2+1} \iff 20m^2+12m-15=0$$

$$\iff m=\frac{-6\pm\sqrt{336}}{20}=\frac{-3\pm 2\sqrt{21}}{10}$$

이다. 따라서, 구하는 두 접선의 방정식은

$$y=\frac{-3\pm 2\sqrt{21}}{10}(x-3)+9$$

이다.

1-iv

1-iii에서 구한 두 접선이 x축의 양의 방향과 이루는 각을 θ_1, θ_2라 하면 두 접선의 기울기는 $\tan\theta_1$, $\tan\theta_2$이고, 이는 방정식

$$20m^2+12m-15=0 \iff m=\frac{-3\pm2\sqrt{21}}{10}$$

의 두 실근이다. 이때, 두 접선이 이루는 예각은 θ와 같으므로

$$\tan\theta=|\tan(\theta_1-\theta_2)|=\left|\frac{\tan\theta_1-\tan\theta_2}{1+\tan\theta_1\tan\theta_2}\right|=\left|\frac{\frac{4\sqrt{21}}{10}}{1-\frac{15}{20}}\right|=\frac{8\sqrt{21}}{5}$$

이다. 따라서,

$$\sin\theta=\frac{8\sqrt{21}}{\sqrt{(8\sqrt{21})^2+5^2}}=\frac{8\sqrt{21}}{\sqrt{1369}}=\frac{8\sqrt{21}}{37}$$

이다.

[다른 풀이]

원의 외부의 점에서 원에 그은 두 접선이 이루는 각은 그 점과 원의 중심을 잇는 직선에 의해 이등분된다. 따라서,

$$\sin\frac{\theta}{2}=\frac{6}{\overline{\mathrm{BC}}}=\frac{6}{\sqrt{9^2+\left(\frac{3}{2}\right)^2}}=\frac{4}{\sqrt{37}}$$

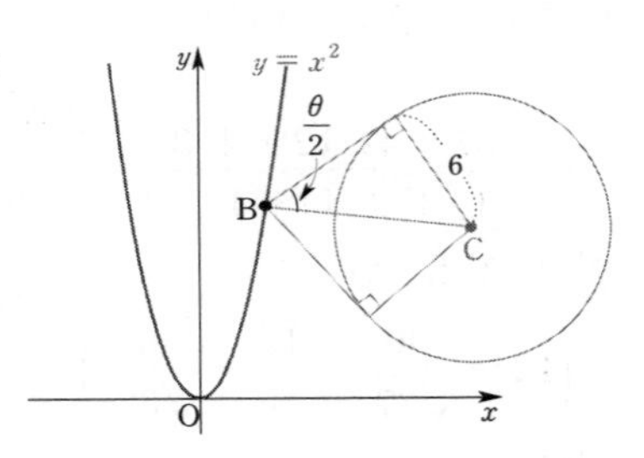

이고,

$$\cos\theta=1-2\sin^2\frac{\theta}{2}=1-\frac{32}{37}=\frac{5}{37}$$

이므로

$$\sin\theta=\sqrt{1-\cos^2\theta}=\sqrt{1-\left(\frac{5}{37}\right)^2}=\frac{\sqrt{(37-5)(37+5)}}{37}=\frac{8\sqrt{21}}{37}$$

이다.

2-i

오른쪽 그림에서

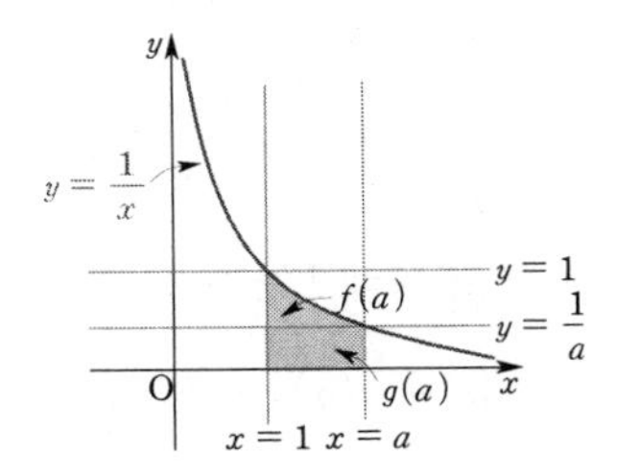

$$f(a)+g(a)=\int_1^a \frac{1}{x}dx=\ln a$$

이고,

$$g(a)=(a-1)\cdot\frac{1}{a}=1-\frac{1}{a}$$

이므로

$$h(a)=f(a)-g(a)=\{f(a)+g(a)\}-2g(a)=\ln a-2\left(1-\frac{1}{a}\right)$$

이다.

2-ii

$$h'(a)=\frac{1}{a}-2\cdot\frac{1}{a^2}=\frac{a-2}{a^2}$$

이고, $a>1$이므로 $h(a)$는 $a=2$에서 극소이자 최소이다.

따라서, 구하는 최솟값은

$$h(2)=\ln 2-1$$

이다.

2-iii

$$\lim_{a\to 1}\frac{h(a)}{a-1}=\lim_{a\to 1}\frac{\ln a-2\left(1-\frac{1}{a}\right)}{a-1}=\lim_{a\to 1}\left(\frac{\ln a}{a-1}-\frac{2}{a}\right)=\lim_{a\to 1}\frac{\ln a}{a-1}-2$$

이다. 여기서, $a-1=t$라 두면

$$\lim_{a\to 1}\frac{\ln a}{a-1}=\lim_{t\to 0}\frac{\ln(1+t)}{t}=\lim_{t\to 0}\ln(1+t)^{\frac{1}{t}}=\ln e=1$$

이므로 구하는 극한값은 -1이다.

2-iv

$x > 1$일 때

$$\frac{1}{\sqrt{x}} - \frac{1}{x} = \frac{\sqrt{x}-1}{x} > 0$$

이므로 그래프는 오른쪽 그림과 같다.

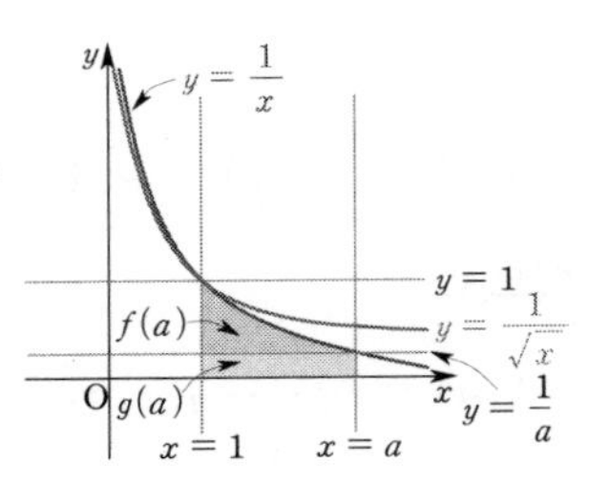

$f(a) + g(a)$는 구간 $[1,\ a]$에서 곡선 $y = \frac{1}{x}$과 x축 사이의 넓이이므로 오른쪽 그림에서

$$\int_1^a \frac{1}{\sqrt{x}} dx > f(a) + g(a)$$

이다. 따라서,

$$2\sqrt{a} - 2 > f(a) - g(a) = h(a)$$

이고, $2\sqrt{a} - h(a) > 2 > 0$이 성립한다.

[다른 풀이]

$p(a) = 2\sqrt{a} - h(a)$라 두면

$$p'(a) = 2\sqrt{a} - h'(a) = \frac{1}{\sqrt{a}} - \frac{a-2}{a^2} = \frac{a\sqrt{a} - a + 2}{a^2} = \frac{a(\sqrt{a}-1)+2}{a^2}$$

이고, $a > 1$이므로 $p'(a) > 0$이다.

따라서, $p(a)$는 증가함수이고

$$p(a) > \lim_{a \to 1} p(a) = 2 - 0 = 2 > 0$$

이므로 $h(a) < 2\sqrt{a}$가 성립한다.

2-v

$h(a) = \ln a - 2\left(1 - \frac{1}{a}\right)$에서 $\lim_{a \to \infty} h(a) = \infty$이고, 2-iv에서 $h(a) < 2\sqrt{a}$이므로 a가 충분히 큰 양수일 때

$$0 < \frac{h(a)}{a} < \frac{2}{\sqrt{a}}$$

이다. 양변에 극한을 취하면

$$0 \le \lim_{a \to \infty} \frac{h(a)}{a} \le \lim_{a \to \infty} \frac{2}{\sqrt{a}} = 0$$

이므로 $\lim_{a \to \infty} \frac{h(a)}{a} = 0$이다.

[다른 풀이 1]

2-iv와 2-ii로부터 $a > 1$일 때,

$$\ln 2 - 1 \le h(a) < 2\sqrt{a} \iff \frac{\ln 2 - 1}{a} < \frac{h(a)}{a} < \frac{2}{\sqrt{a}}$$

이다.

[다른 풀이 2]

독립적으로 풀이하면 다음과 같다.

$$\lim_{a\to\infty}\frac{h(a)}{a}=\lim_{a\to\infty}\frac{\ln a-2\left(1-\frac{1}{a}\right)}{a}=\lim_{a\to\infty}\left\{\frac{\ln a}{a}-2\left(\frac{1}{a}-\frac{1}{a^2}\right)\right\}=\lim_{a\to\infty}\frac{\ln a}{a}$$

이다.

$a>1$일 때, $q(a)=\frac{\ln a}{a}$라 하면

$$q'(a)=\frac{\frac{1}{a}\cdot a-\ln a}{a^2}=\frac{1-\ln a}{a^2}$$

이므로 $q(a)$는 $a=e$에서 극대이자 최대이다.

또, $a>1$에서 $\frac{\ln a}{a}>0$이므로

$$0<\frac{\ln a}{a}\le\frac{1}{e}$$

이다. 따라서,

$$0<\frac{\ln\sqrt{a}}{\sqrt{a}}\le\frac{1}{e}$$

이고,

$$0<\frac{\ln a}{a}=\frac{\ln\sqrt{a}}{\sqrt{a}}\cdot\frac{2}{\sqrt{a}}\le\frac{1}{e}\cdot\frac{2}{\sqrt{a}}$$

이므로

$$0\le\lim_{a\to\infty}\frac{\ln a}{a}\le\lim_{a\to\infty}\frac{1}{e}\cdot\frac{2}{\sqrt{a}}=0$$

이고, 구하는 극한값은 0이다.

■ 성균관대 자연계 2021학년도 수시논술 3교시 예시답안

1-i

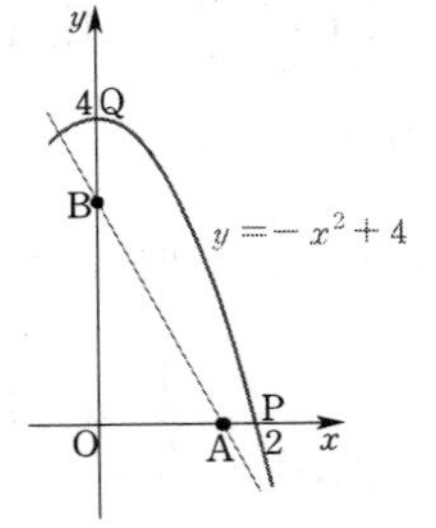

오른쪽 그림에서 직선 AB가 원점을 지난다면 두 점 A, B가 서로 일치하게 되어 문제의 뜻에 어긋난다. 따라서, 직선 AB는 원점을 지나지 않는다.

이때, 직선 AB의 방정식을

$$\frac{x}{a}+\frac{y}{b}=1 \Leftrightarrow bx+ay=ab \qquad \cdots ①$$

라 두면

$$0<a\le 2,\ 0<b\le 4 \qquad \cdots ②$$

이다.

$$\Delta\mathrm{OAB}=\frac{1}{2}\int_0^2(-x^2+4)dx$$

이므로

$$\frac{1}{2}ab=\frac{1}{2}\left(-\frac{8}{3}+8\right) \Leftrightarrow ab=\frac{16}{3} \Leftrightarrow b=\frac{16}{3a}$$

이다. 이때, ②에서

$$0<\frac{16}{3a}\le 4 \Leftrightarrow a\ge\frac{4}{3}$$

이므로 $\frac{4}{3}\le a\le 2$이다.

원점에서 직선 ①까지의 거리를 d라 하면

$$d=\frac{ab}{\sqrt{a^2+b^2}}=\frac{16}{3}\cdot\frac{1}{\sqrt{a^2+\frac{256}{9a^2}}}$$

이다. $a^2=t$라 하고, $\frac{16}{9}\le t\le 4$일 때 $f(t)=t+\frac{256}{9t}$라 하면

$$f'(t)=1-\frac{256}{9t^2}=\frac{(3t-16)(3t+16)}{9t^2}<0$$

이므로 $f(t)$는 감소한다. 따라서,

$t=\frac{16}{9} \Leftrightarrow a=\frac{4}{3},\ b=4$일 때 $f(t)$는 최대, d는 최소이고,

$t=4 \Leftrightarrow a=2,\ b=\frac{8}{3}$일 때 $f(t)$는 최소, d는 최대이다.

이를 대입하면 직선 l_1의 방정식은

$$4x+\frac{4}{3}y=\frac{16}{3} \Leftrightarrow 3x+y=4$$

이고, 직선 l_2의 방정식은

$$\frac{8}{3}x+2y=\frac{16}{3} \Leftrightarrow 4x+3y=8$$

이다.

1–ii

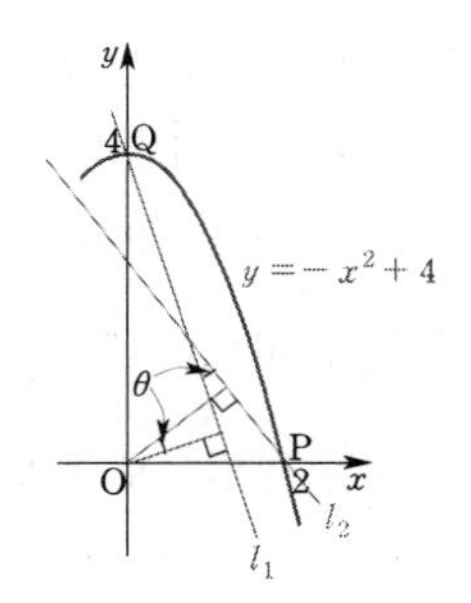

오른쪽 그림에서 원점 O에서 두 직선

$l_1 : 3x + y = 4$, $l_2 : 4x + 3y = 8$

에 내린 수선이 이루는 각은 예각이다. 이를 θ라 하면 두 직선 l_1, l_2가 이루는 예각도 θ이다.

두 직선 l_1, l_2가 x축의 양의 방향과 이루는 각을 각각 θ_1, θ_2라 하면 $\tan\theta_1 = 3$, $\tan\theta_2 = \dfrac{4}{3}$이고,

$$\tan\theta = \left|\tan(\theta_1 - \theta_2)\right| = \left|\frac{\tan\theta_1 - \tan\theta_2}{1 + \tan\theta_1\tan\theta_2}\right| = \frac{1}{3}$$

이므로 $\sin\theta = \dfrac{1}{\sqrt{10}}$이다.

원점 O에서 두 직선 l_1, l_2까지의 거리는 각각 $\dfrac{4}{\sqrt{10}}$, $\dfrac{8}{5}$이므로 구하는 넓이는

$$\frac{1}{2} \cdot \frac{4}{\sqrt{10}} \cdot \frac{8}{5} \cdot \sin\theta = \frac{8}{25}$$

이다.

1–iii

포물선 F의 방정식을

$$y = -(x - m)^2 + 4 + n$$

이라 하자. 직선 $l_1 : 3x + y = 4$와 연립하면

$$4 - 3x = -(x - m)^2 + 4 + n$$

$$\Leftrightarrow\ x^2 - (2m + 3)x + m^2 - n = 0$$

이고, 직선 $l_2 : 4x + 3y = 8$과 연립하면

$$\frac{8 - 4x}{3} = -(x - m)^2 + 4 + n$$

$$\Leftrightarrow\ 3x^2 - 2(3m + 2)x + 3m^2 - 3n - 4 = 0$$

이다. 두 이차방정식의 판별식은 모두 0이므로

$$(2m + 3)^2 - 4(m^2 - n) = 0 \ \Leftrightarrow\ 12m + 4n + 9 = 0 \quad \cdots ①$$

$$(3m + 2)^2 - 3(3m^2 - 3n - 4) = 0 \ \Leftrightarrow\ 12m + 9n + 16 = 0 \quad \cdots ②$$

이고, ②−①에서

$$5n + 7 = 0 \ \Leftrightarrow\ n = -\frac{7}{5}$$

이고,

$$m = -\frac{4n + 9}{12} = -\frac{17}{60}$$

이다.

1-iv

1-iii에서 포물선 $F:y=-(x-m)^2+4+n$과 직선 $l_1:3x+y=4$의 접점의 x좌표는 이차방정식

$$x^2-(2m+3)x+m^2-n=0$$

의 중근이므로 $\frac{2m+3}{2}=m+\frac{3}{2}$이다.

같은 방법으로 하면 포물선 F와 직선 $l_2:4x+3y=8$의 접점의 x좌표는 $\frac{3m+2}{3}=m+\frac{2}{3}$이다.

두 직선 l_1, l_2의 교점의 x좌표는 $\frac{4}{5}$이다.

$\alpha=m+\frac{3}{2}$, $\beta=m+\frac{2}{3}$라 하면 구하는 넓이는

$$\int_{\beta}^{\frac{4}{5}}(x-\beta)^2dx+\int_{\frac{4}{5}}^{\alpha}(x-\alpha)^2dx$$

$$=\left[\frac{(x-\beta)^3}{3}\right]_{\beta}^{\frac{4}{5}}+\left[\frac{(x-\alpha)^3}{3}\right]_{\frac{4}{5}}^{\alpha}$$

$$=\frac{1}{3}\left\{\left(\frac{4}{5}-\beta\right)^3-\left(\frac{4}{5}-\alpha\right)^3\right\}$$

이고, $\alpha=-\frac{17}{60}+\frac{3}{2}=\frac{73}{60}$, $\beta=-\frac{17}{60}+\frac{2}{3}=\frac{23}{60}$을 대입하면

$$\frac{1}{3}\left\{\left(\frac{4}{5}-\frac{23}{60}\right)^3-\left(\frac{4}{5}-\frac{73}{60}\right)^3\right\}=\frac{1}{3}\left\{\left(\frac{5}{12}\right)^3+\left(\frac{5}{12}\right)^3\right\}=\frac{125}{2592}$$

이다.

2-i

$x \le 0$일 때, $f(x) = 2x^2 + 4x + 3$과 $g(x) = x + 3$을 연립하면

$2x^2 + 4x + 3 = x + 3 \Leftrightarrow x(2x + 3) = 0$

에서 $x = 0$ 또는 $-\dfrac{3}{2}$이다.

또, $x > 0$일 때, $f(x) = \dfrac{1}{x} + 2$와 $g(x) = x + 3$을 연립하면

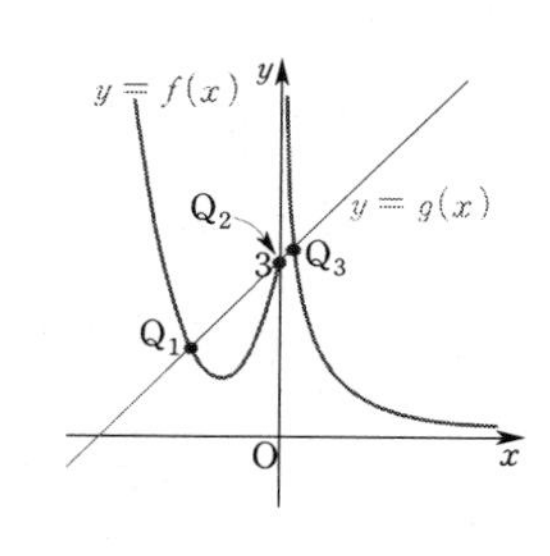

$\dfrac{1}{x} + 2 = x + 3 \Leftrightarrow x^2 + x - 1 = 0$

에서 $x = \dfrac{-1 + \sqrt{5}}{2}$이다.

따라서, 구하는 세 교점의 좌표는

$Q_1\left(-\dfrac{3}{2},\ \dfrac{3}{2}\right)$, $Q_2(0,\ 3)$, $Q_3\left(\dfrac{-1 + \sqrt{5}}{2},\ \dfrac{5 + \sqrt{5}}{2}\right)$

이다.

2-ii

함수 $h(x)$는 임의의 실수 x에 $f(x)$와 $g(x)$의 값 중 크지 않은 쪽을 대응시킨 것이므로 $y = h(x)$의 그래프는 $y = f(x)$와 $y = g(x)$의 그래프 중 아래에 놓인 부분을 택하여 연결한 것이다.

따라서, 그 그래프의 개형은 오른쪽 그림과 같다.

위의 그림에서 곡선 $y = 2x^2 + 4x + 3$ (단, $-\dfrac{3}{2} < x < 0$)과 직선 $y = t(x + 3)$이 접할 때, t의 값을 구하자.

연립하여 정리하면

$2x^2 + (4 - t)x + 3 - 3t = 0$

이고, 판별식

$(4 - t)^2 - 8(3 - 3t) = 0 \Leftrightarrow t^2 + 16t - 8 = 0$

에서 $0 < t < 1$이므로 $t = -8 + 6\sqrt{2}$이다.

따라서, $k(t)$를 표를 이용하여 나타내면 다음과 같다.

t	0	$\cdots$	$-8 + 6\sqrt{2}$	$\cdots$	1
$k(t)$		2	3	4	

2-iii

곡선 $y=2x^2+4x+3$ (단, $-\frac{3}{2}<x<0$) 위의 점 $P_n(\alpha_n,\ 2\alpha_n^2+4\alpha_n+3)$에서 접선의 방정식은

$$y-(2\alpha_n^2+4\alpha_n+3)=(4\alpha_n+4)(x-\alpha_n)$$

이다. 이 접선이 점 $(n,\ 0)$을 지나면

$$-(2\alpha_n^2+4\alpha_n+3)=(4\alpha_n+4)(n-\alpha_n)$$

$$\Leftrightarrow\ 2\alpha_n^2-4n\alpha_n-4n-3=0$$

이고, $-\frac{3}{2}<\alpha_n<0$이므로

$$\alpha_n=\frac{2n-\sqrt{4n^2+8n+6}}{2},$$

$$\begin{aligned}\beta_n&=2\alpha_n^2+4\alpha_n+3\\&=(4n\alpha_n+4n+3)+4\alpha_n+3\\&=4(n+1)\alpha_n+4n+6\\&=4(n+1)\cdot\frac{2n-\sqrt{4n^2+8n+6}}{2}+4n+6\\&=2(n+1)(2n-\sqrt{4n^2+8n+6})+4n+6\\&=4n^2+8n+6-2(n+1)\sqrt{4n^2+8n+6}\end{aligned}$$

이다. 또,

$$\lim_{n\to\infty}\alpha_n=\lim_{n\to\infty}\frac{-(8n+6)}{2(2n+\sqrt{4n^2+8n+6})}=-1,$$

$$\lim_{n\to\infty}\beta_n=\lim_{n\to\infty}(2\alpha_n^2+4\alpha_n+3)=2-4+3=1$$

이다.

[참고]

$n\to\infty$ 일 때, 점 P_n은 곡선 $y=2x^2+4x+3$ (단, $-\frac{3}{2}<x<0$)의 꼭짓점 $(-1,\ 1)$에 수렴한다.

[다른 풀이]

직선 l_n의 방정식을 $y=m(x-n)$이라 하자. 곡선 $y=2x^2+4x+3$ (단, $-\frac{3}{2}<x<0$)과 직선 l_n이 접하므로 연립하면

$$2x^2+(4-m)x+3+mn=0 \qquad \cdots ①$$

이다. 판별식

$$(4-m)^2-8(3+mn)=0\ \Leftrightarrow\ m^2-8(n+1)m-8=0$$

에서 $m<0$이므로 $m=4(n+1)-\sqrt{16n^2+32n+24}$ 이다.

이때, 점 T_n의 x좌표는 ①의 중근이므로

$$\alpha_n=\frac{m-4}{4}=\frac{4n-\sqrt{16n^2+32n+24}}{4}=\frac{2n-\sqrt{4n^2+8n+6}}{2},$$

$$\beta_n=m(\alpha_n-n)$$

$$= \{4(n+1) - \sqrt{16n^2+32n+24}\} \cdot \frac{-\sqrt{4n^2+8n+6}}{2}$$

$$= -\{2(n+1) - \sqrt{4n^2+8n+6}\}\sqrt{4n^2+8n+6}$$

이다.

2-iv

2-iii에서 직선 l_n의 방정식은

$$y - (2\alpha_n^2 + 4\alpha_n + 3) = (4\alpha_n + 4)(x - \alpha_n)$$

이므로 직선 l_n과 y축의 교점 T_n의 y좌표는

$$y = (4\alpha_n + 4)(-\alpha_n) + (2\alpha_n^2 + 4\alpha_n + 3) = -2\alpha_n^2 + 3$$

이다. 또, 직선 l_n과 직선 $y = x + 3$을 연립하면 점 R_n의 x좌표는

$$(x+3) - (2\alpha_n^2 + 4\alpha_n + 3) = (4\alpha_n + 4)(x - \alpha_n)$$

$$\Leftrightarrow (4\alpha_n + 3)x = 2\alpha_n^2$$

에서 $x = \dfrac{2\alpha_n^2}{4\alpha_n + 3}$이다.

점 $\mathrm{A}(0,\ 3)$이라 하면

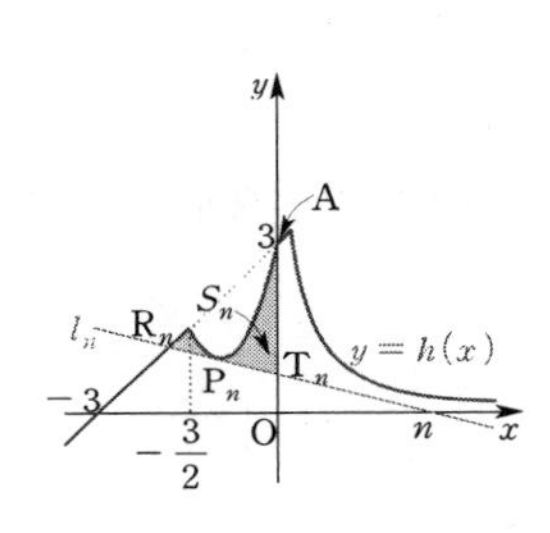

$$S_n = \Delta\,\mathrm{AR}_n\mathrm{T}_n - (\text{활꼴 } \mathrm{AP}_n\mathrm{R}_n)$$

$$= \frac{1}{2}\{3 - (-2\alpha_n^2 + 3)\} \cdot \left(-\frac{2\alpha_n^2}{4\alpha_n + 3}\right) + \int_{-\frac{3}{2}}^{0} 2x\left(x + \frac{3}{2}\right)dx$$

$$= -\frac{2\alpha_n^4}{4\alpha_n + 3} - 2 \cdot \frac{1}{6}\left(\frac{3}{2}\right)^3$$

$$= -\frac{2\alpha_n^4}{4\alpha_n + 3} - \frac{9}{8}$$

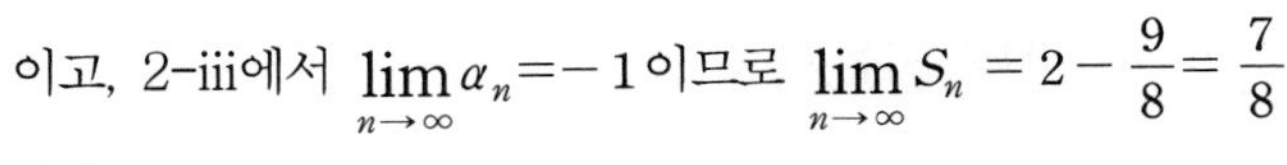

이고, 2-iii에서 $\lim_{n \to \infty} \alpha_n = -1$이므로 $\lim_{n \to \infty} S_n = 2 - \frac{9}{8} = \frac{7}{8}$

이다.

■ 성균관대 자연계 2021학년도 모의논술 예시답안

1-i

타원의 방정식의 표준형 $\frac{x^2}{a^2}+\frac{y^2}{b^2}=1$ (단, $a>b>0$)을 이용하자. 이때, 초점의 좌표는 $(\pm\sqrt{a^2-b^2},\ 0)$이다.

타원 E_0은 장축의 양 끝점의 좌표가 $(\pm 3,\ 0)$이므로 $a=3$이고, 두 초점의 좌표가 $(\pm 1,\ 0)$이므로 $a^2-b^2=1 \Leftrightarrow$ 에서 $b=2\sqrt{2}$이다. 따라서, 타원 E_0의 방정식은

$$\frac{x^2}{3^2}+\frac{y^2}{(2\sqrt{2})^2}=1$$

이다.

타원 E_1은 장축의 양 끝점의 좌표가 $(\pm 1,\ 0)$이고, 두 초점이 장축을 내분하는 비는 E_0과 같으므로 두 타원은 서로 닮음이다. 닮음의 중심이 원점, 닮음의 비는 $\frac{1}{3}$이므로 타원 E_1의 방정식은

$$\frac{x^2}{1^2}+\frac{y^2}{\left(\frac{2\sqrt{2}}{3}\right)^2}=1$$

이다.

같은 방법으로 생각하면 타원 E_k (단, $k=0,\ 1,\ 2,\ 3$)의 방정식은

$$\frac{x^2}{\left(\frac{3}{3^k}\right)^2}+\frac{y^2}{\left(\frac{2\sqrt{2}}{3^k}\right)^2}=1$$

이다.

1-ii

타원의 표준형의 방정식 $\frac{x^2}{a^2}+\frac{y^2}{b^2}=1$ (단, $a>0,\ b>0$)을 이용하자.

제1사분면 부분의 넓이는

$$\int_0^a y\,dx=\int_0^a \sqrt{b^2\left(1-\frac{x^2}{a^2}\right)}\,dx=\frac{b}{a}\int_0^a \sqrt{a^2-x^2}\,dx$$

이다. 여기서, $\int_0^a \sqrt{a^2-x^2}\,dx$는 원 $x^2+y^2=a^2$의 제1사분면 부분의 넓이를 뜻하므로 위의 넓이는 $\frac{b}{a}\cdot\frac{\pi a^2}{4}=\frac{\pi ab}{4}$이다.

타원은 두 좌표축에 관하여 대칭이므로 위의 타원의 넓이는 πab이다.

따라서, 타원

$$E_k:\frac{x^2}{\left(\frac{3}{3^k}\right)^2}+\frac{y^2}{\left(\frac{2\sqrt{2}}{3^k}\right)^2}=1 \text{ (단, } k=0,\ 1,\ 2,\ 3)$$

의 넓이는 $S_k=\pi\cdot\frac{3}{3^k}\cdot\frac{2\sqrt{2}}{3^k}=\frac{2\sqrt{2}\,\pi}{3^{2k-1}}$이다.

[다른 풀이]

$\int_0^a y\,dx$에서 $x = a\cos\theta$ (단, $0 \le \theta \le \frac{\pi}{2}$)라 두면

$y = b\sin\theta,\ dx = -a\sin\theta d\theta$

이다. 따라서,

$$\begin{aligned}\int_0^a y\,dx &= \int_{\frac{\pi}{2}}^0 b\sin\theta(-a\sin\theta)d\theta \\ &= \int_0^{\frac{\pi}{2}} ab\sin^2\theta d\theta \\ &= \int_0^{\frac{\pi}{2}} \frac{ab}{2}(1-\cos2\theta)d\theta \\ &= \left[\frac{ab}{2}\left(\theta - \frac{1}{2}\sin2\theta\right)\right]_0^{\frac{\pi}{2}} \\ &= \frac{\pi ab}{4}\end{aligned}$$

이다.

1-iii

1-ii를 이용하면 급수

$$\sum_{n=0}^{\infty} S_n = \sum_{n=0}^{\infty} \frac{2\sqrt{2}\pi}{3^{2n-1}}$$

는 첫째항이 $6\sqrt{2}\pi$이고, 공비가 $\frac{1}{9}$인 등비급수이다.

따라서, 구하는 합은

$$\frac{6\sqrt{2}\pi}{1-\frac{1}{9}} = \frac{27\sqrt{2}\pi}{4}$$

이다.

2-i

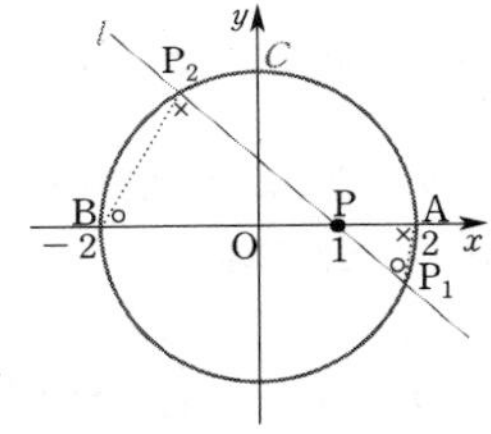

오른쪽 그림과 같이 점 A$(2,\ 0)$, B$(-2,\ 0)$이라 하자.

직선 l이 x축과 겹치면

$\overline{PP_1}\times\overline{PP_2}=\overline{PA}\times\overline{PB}=3$

이다.

직선 l이 x축과 겹치지 않을 때, 직선 l과 원 C가 x축의 아래, 위에서 만나는 점을 각각 P_1, P_2라 하여도 일반성을 잃지 않는다.

원주각의 성질에 의해

$\angle PP_1A=\angle PBP_2$, $\angle PAP_1=\angle PP_2B$

이므로 $\triangle PP_1A\equiv\triangle PBP_2$이고,

$\overline{PP_1}:\overline{PA}=\overline{PB}:\overline{PP_2} \iff \overline{PP_1}\times\overline{PP_2}=\overline{PA}\times\overline{PB}=3$

이다.

따라서, $\overline{PP_1}\times\overline{PP_2}$의 값은 직선 l의 기울기에 관계없이 일정하다.

[다른 풀이]

직선 l의 기울기를 m이라 하고 직선 $l: y=m(x-1)$과 원 $C: x^2+y^2=4$를 연립하면

$x^2+m^2(x-1)^2=4$

이다. 이 방정식의 두 실근을 α, β라 하면 직선 l과 원 C의 두 교점 P_1, P_2는 $(\alpha,\ m(\alpha-1))$, $(\beta,\ m(\beta-1))$로 나타낼 수 있다. 이때,

$$\begin{aligned}\overline{PP_1}\times\overline{PP_2}&=\sqrt{(\alpha-1)^2+m^2(\alpha-1)^2}\times\sqrt{(\beta-1)^2+m^2(\beta-1)^2}\\&=(1+m^2)|(\alpha-1)(\beta-1)|\\&=(1+m^2)|(1-\alpha)(1-\beta)|\end{aligned}$$

이다. 근과 인수분해의 관계에 의해

$x^2+m^2(x-1)^2-4=(1+m^2)(x-\alpha)(x-\beta)$

이고 이 식은 x에 관한 항등식이다. 이 등식의 양변에 $x=1$을 대입하면

$-3=(1+m^2)(1-\alpha)(1-\beta)$

이고,

$\overline{PP_1}\times\overline{PP_2}=|-3|=3$

이다. 따라서, $\overline{PP_1}\times\overline{PP_2}$의 값은 직선 l의 기울기에 관계없이 일정하다.

2-ii

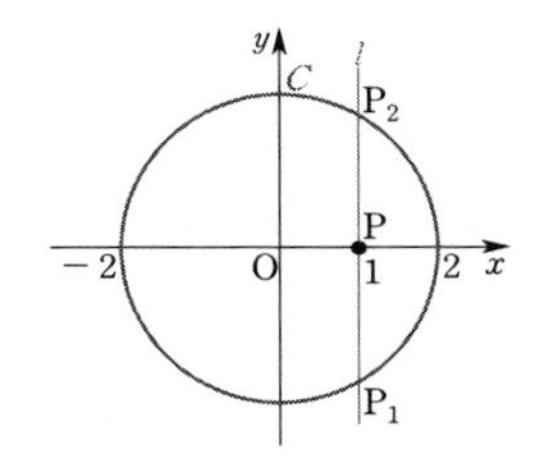

산술평균과 기하평균의 관계에 의해

$$\overline{\mathrm{PP_1}}^2+\overline{\mathrm{PP_2}}^2 \geq 2\sqrt{\overline{\mathrm{PP_1}}^2\cdot\overline{\mathrm{PP_2}}^2}=2\overline{\mathrm{PP_1}}\cdot\overline{\mathrm{PP_2}}=6$$

이 항상 성립한다. 여기서, 등호는

$$\overline{\mathrm{PP_1}}=\overline{\mathrm{PP_2}}=\sqrt{3}$$

일 때, 곧 직선 $\mathrm{P_1P_2}$가 x축에 수직일 때 성립하므로 구하는 최솟값은 6이다.

[다른 풀이]

2-iii과 같이 미분을 이용하여 구할 수도 있다.

2-iii

$\overline{\mathrm{PP_1}}=t$라 하면 $1\leq t\leq 3$이다. 이때, 2-i에서 $\overline{\mathrm{PP_1}}\times\overline{\mathrm{PP_2}}=3$이므로 $\overline{\mathrm{PP_2}}=\dfrac{3}{t}$이다.

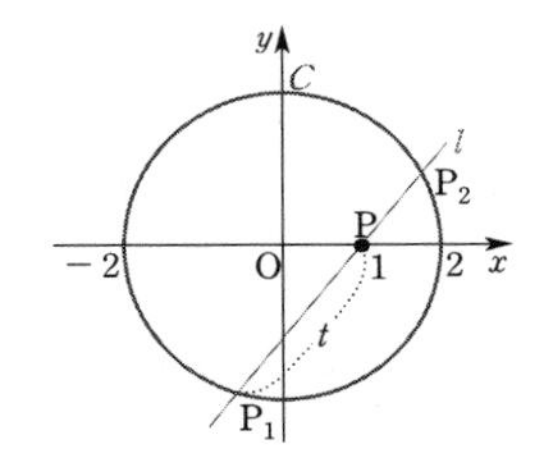

$$\overline{\mathrm{PP_1}}^2+\overline{\mathrm{PP_2}}^2=t^2+\frac{9}{t^2}=f(t)$$

라 두면

$$f'(t)=2t-\frac{18}{t^3}=\frac{2t^4-18}{t^3}$$

$$=\frac{2(t-\sqrt{3})(t+\sqrt{3})(t^2+3)}{t^3}$$

이므로 증감표는 아래와 같다.

t	1	$\cdots$	$\sqrt{3}$	$\cdots$	3
$f'(t)$		$-$	0	$+$	
$f(t)$	10	↘	극소	↗	10

따라서, 구하는 최댓값은 10이다.